国家电网公司
STATE GRID
CORPORATION OF CHINA

U0735078

新一轮农网改造升级"两年攻坚战"
工程建设纪实

XINYILUN NONGWANG GAIZAO SHENGJI LIANGNIAN GONGJIANZHAN

GONGCHENG JIANSHE JISHI

国家电网公司　组编

中国电力出版社
CHINA ELECTRIC POWER PRESS

图书在版编目(CIP)数据

新一轮农网改造升级"两年攻坚战"工程建设纪实 / 国家电网公司组编. —北京:中国电力出版社,2017.11
(2018.1 重印)

ISBN 978-7-5198-1224-9

Ⅰ.①新… Ⅱ.①国… Ⅲ.①农村配电−电力工程−概况−中国 Ⅳ.① F426.61

中国版本图书馆 CIP 数据核字(2017)第 240916 号

出版发行:中国电力出版社

地　　址:北京市东城区北京站西街 19 号(邮政编码 100005)

网　　址:http://www.cepp.sgcc.com.cn

责任编辑:翟巧珍　马　青(010-63412784)

责任校对:常燕昆

装帧设计:张俊霞
　　　　　北京永诚天地艺术设计有限公司

责任印制:邹树群

印　　刷:北京瑞禾彩色印刷有限公司

版　　次:2017 年 11 月第一版

印　　次:2018 年 1 月北京第三次印刷

开　　本:889 毫米 ×1194 毫米　16 开本

印　　张:8

字　　数:152 千字

印　　数:6001—8000 册

定　　价:85.00 元

　　党中央、国务院高度重视"三农"（农业、农村、农民）问题，习近平总书记在2015年中央农村工作会议上强调，"十三五"期间，必须坚持把解决好"三农"问题作为全党工作重中之重。2016年3月25日，国务院召开实施新一轮农村电网改造升级工程电视电话会议，李克强总理作出重要批示，张高丽副总理出席会议并讲话。国家电网公司主动服务党和国家工作大局，认真履行央企社会责任，第一时间研究落实中央要求，迅速召开全系统开工动员电视电话会议，正式启动实施新一轮农村电网改造升级"两年攻坚战"，努力促进农村地区经济社会发展。2016～2017年，国家电网公司下达投资计划1423.6亿元用于农村井井通电、中心村电网改造升级和村村通动力电，截至2017年9月底，国家电网公司经营区域内实现平原地区机井供电全覆盖，全面完成中心村电网改造升级，实现村村通动力电，农村居民生活用电得到较好保障，农业生产用电问题基本解决，保障了农村经济社会发展。

　　2016～2017年，面对工程建设任务繁重、实施难度大、建设成本高、工期要求紧等实际困难，国家电网公司举全公司之力，加强工作谋划，统筹资源调配，统一技术标准和施工工艺，强化过程管控，扎实推进新一轮农网改造升级工程。基层单位和广大一线工作人员克服自然环境恶劣、施工条件艰苦等实际困难，加强工作组织，调配精干施工力量，加快推进工程建设实施，提前3个月完成各项建设任务。各级政府、社会各界高度关注工程建设，在配套政策和施工协调等方面大力支持，保障了工程的顺利实施。

　　新一轮农村电网改造升级"两年攻坚战"工程是国家稳增长、调结构、惠民生、促发展的重要措施，是政治工程、德政工程、民生工程，是国家电网公司发展史上的重要事件，对更好地促进农业现代化和全面建成小康社会具有深远而重要的影响。编撰新一轮农村电网改造升级"两年攻坚战"工程建设纪实，旨在铭记这一段艰苦卓绝、投入巨大、成效显著的农村电网发展史，讴歌为工程建设作出卓越努力和突出贡献的公司广大干部职工，并对工程实施作出无私奉献和重大支持的社会各界致以崇高敬意。

新一轮农村电网改造升级"两年攻坚战"工程建设纪实编撰工作得到了英大传媒集团，国网山东、河南电力及有关省（自治区、直辖市）电力公司等单位的大力支持，在此表示感谢！

国家电网公司

2017 年 9 月

Contents

目　录

实施新一轮农村电网改造升级工程，是缩小城乡公共服务差距、惠及亿万农民的重要民生工程，是推进农业现代化、拉动农村消费升级的重要基础，是扩大有效投资、促进经济平稳增长的重要举措，一举多得。各级政府要高度重视，切实加强领导和统筹协调，科学规划，积极创新投融资机制，精心组织好工程实施。电网企业要继续发扬拼搏实干精神，加大资金投入，加强施工管理，全力按时保质完成农网改造升级工程，为促进农业农村发展、全面建成小康社会作出新贡献。

——国务院总理　李克强

你们干得挺好！

——国务院副总理　张高丽
（在江西视察新一轮农村电网改造升级工作之后评价）

感谢电力人送来光明

借你

向温暖

2016 年 10 月 18 日，湖南省常德市石门县火山镇中坪村村民家中通了动力电后，向电力人表达自己的感谢。

"两年攻坚战"
助力决胜全面建成小康社会

情系『三农』『两年攻坚』 农网改造升级取得显著成效

2016 年以来，党中央、国务院立足于稳增长、调结构、惠民生、促发展，作出了一系列加快农村电力发展的决策部署。2016 年 2 月 3 日，李克强总理主持召开国务院常务会议，决定实施新一轮农村电网改造升级工程。3 月 5 日，李克强总理在政府工作报告中提出："抓紧新一轮农村电网改造升级，两年内实现农村稳定可靠供电服务和平原地区井井通电全覆盖"。3 月 25 日，国务院召开实施新一轮农村电网改造升级工程电视电话会议。李克强总理作出重要批示，张高丽副总理出席会议并讲话。

国家电网公司迅速传达落实党中央、国务院关于农村电网改造升级工程的重要部署，在国家有关部委和地方党委政府的大力支持下，2016~2017 年大力实施"两年攻坚战"，于 2017 年 9 月 25 日提前 3 个月完成 153.5 万眼农田机井通电、6.6 万个小城镇（中心村）电网改造升级、7.8 万个自然村通动力电改造及新通动力电三大攻坚任务，取得显著成效。

2017 年 4 月 21 日，河北省保定小城镇（中心村）工程施工中，供电员工披着晚霞加紧架线。

新一轮农村电网改造升级 "两年攻坚战" 大数据

总体情况

累计完成"两年攻坚战"投资 1423.6 亿元

完成任务

153.5 万眼农田机井新通电及改造
6.6 万个小城镇（中心村）电网改造升级
7.8 万个自然村新通动力电及改造

建设规模

新建及改造输配电线路 **89.7** 万公里
变电站 **552** 座
配电变压器 **45.1** 万台
改造户表 **1431.4** 万户

农村用电量增长

2017 年 1～8 月，**国家电网公司系统**
第一产业电量为 596.3 亿千瓦时，较
2015 年同期增长 16.7%，第一产业电量
增速是公司总电量增速的 1.51 倍

增长
16.7%

公司系统农村居民生活用电量为 **1930** 亿
千瓦时，较 2015 年同期增长 17.1%，生
活用电增速是公司总电量增速的 1.55 倍。

增长
17.1%

井井通电工程

完成任务

投资 **456.9** 亿元
完成 **153.5** 万眼农田机井新通电及改造

受益农田

贫困村农田 3333.27 万亩

1.37 亿亩   占全国农业有效灌溉面积的 13.7%

受益农田 1.37 亿亩，约占全国农业有效灌溉面积的 13.7%，其中涉及贫困村农田 3333.27 万亩。

农民增收节支

粮食增产 **1040** 万吨，产值 **299.8** 亿元。

新增现代农业和经济作物面积 **3818** 万亩，产值 **307** 亿元。

与通电前采用柴油机浇地相比，农民浇地年均节支 **116.2** 亿元，减少灌溉燃油消耗 **274.8** 万吨，减排二氧化碳 **875** 万吨。

小城镇（中心村）电网改造升级、村村通动力电工程

完成任务

投资 **966.7** 亿元，完成 **6.6** 万个小城镇（中心村）电网改造升级、**7.8** 万个自然村新通动力电及改造。
受益农村人口 **1.56** 亿人，约占全国农村总人口的 **16%**，其中贫困村人口 **2903.4** 万人。

受益人口占全国农村总人口的 **16%**

农村家庭电气化

农网改造升级地区家庭新增

空调 599.3 万台   冰箱 411.4 万台   洗衣机 376.1 万台

电视机 357.3 万台   电炊具 515.9 万台   电动加工设备 74.1 万台

仅在新改造地区机电设备和家电购置消费规模达到 **221.4** 亿元

电网运行指标

改造后村镇低压供电半径均值由 700 米缩短到 430 米，低压线损率平均下降 30%。

户均配变容量   由 1.60 千伏安提高到 **2.64** 千伏安，供电能力提升 65%

农村经济发展

农村新增农产品生产加工场所 **25.6** 万处，发展农副业及旅游业年均增收 **513.8** 亿元，吸引农民工返乡创业、就业 **439.3** 万人。改造地区吸引投资规模 **932.1** 亿元。

"两年攻坚战"的圆满完成，极大增强了广大人民群众的获得感和幸福感，架起了党与人民群众之间的连心桥。

一是农村供电能力显著提升。累计新建、改造变电站552座、输配电线路89.7万公里、配电变压器45.1万台，改造户表1431.4万户。改造后的村镇低压供电半径由700米缩短到430米，低压线损率下降30%，户均配变容量由1.60千伏安提高到2.64千伏安，供电能力提升65%。年户均停电和电压不合格时间较新一轮农网改造升级前的2015年分别缩短6小时、53.6小时。

二是农民生产生活普遍受益。解决了农村供电"最后一公里"问题，农村电气化进程大为加快。2017年1~8月，公司经营区第一产业用电量同比增长16.7%，农村居民生活用电量同比增长17.1%，分别达到社会用电量增速的1.51倍、1.55倍。小城镇（中心村）电网改造升级和村村通动力电工程受益人口约占全国农村总人口的16%，带动相关地区新增农产品生产加工场所25.6万处、发展农副业及旅游业年均增收513.8亿元，吸引各类投资规模932.1亿元、新增就业岗位364.3万个，吸引农民工返乡创业、就业439.3万人。井井通电实现国家电网经营区平原地区全覆盖，惠及农田占全国有效灌溉面积的13.7%，工程实施地区农民种粮年均增产增收299.8亿元、发展经济作物和特色农业年产值307亿元，且每年可节省燃油274.8万吨，降低成本支出116.2亿元。2016年以来在实施农网改造升级地区，农村家庭新增空调599.3万台、冰箱411.4万台、洗衣机376.1万台、电视机357.3万台、电炊具515.9万台、电动加工设备74.1万台；农村机电设备和家电购置消费规模达到221.4亿元。

三是助力脱贫攻坚任务完成。共计225个国家级贫困县35.5万眼机井完成改造，受益农田2729万亩，与过去柴油机等传统灌溉方式相比，户均解放浇地劳力3~4人，每年可为上述贫困县农户节省支出72.5亿元。小城镇（中心村）电网改造升级和村村通动力电工程，惠及贫困村人口2903.4万人。西藏地区两年投资124亿元，超过"十二五"农网投资总规模；大电网延伸覆盖达到62个县，结束4个县域电网孤网运行历史，新建及改造中心村电网2797个，藏区生产生活条件获得极大改善。

实施井井通电工程，助力高效农业发展。

牧民为电网建设者献上洁白的哈达，表达心中的感激之情。

甘肃动力电助力农民大棚种植。

五味子丰收了，果农笑了。

电网员工为西藏那曲一户牧民家装表接线。

青海省海南藏族自治州同德县秀麻乡老虎村牧民普华杰家里亮起了灯光。

冀北承德供电公司用心服务河北丰宁县鲜花大棚种植户，提供现场服务和技术指导。

农村电网改造升级助力四川省北川县茶厂产业发展。

吉林省农安镇三宝村机井通电,井内流出甘甜井水。

农村电网改造升级助力四川省北川县凤阳村农村产业发展。

电网改造后的浙江省诸暨市枫桥镇,古色古香、韵味独特。

西藏山南市洛扎县扎日乡乃村隆啦搬迁点用上大电网的电,村民索朗桑布和村民们一起看电视、喝酥油茶。

安徽宿州萧县供电员工在现场为种粮大户接通灌溉机井。

农村电网改造施工休息间隙,农户为施工人员送来暖心的饮水。

2016 年 4 月 29 日，国家电网公司召开实施新一轮农村电网改造升级工程暨第一批项目开工动员电视电话会议，正式启动实施新一轮农村电网改造升级"两年攻坚战"。

优质高效完成全部工程建设任务
责任当先 主动作为

新一轮农村电网改造升级是党和国家为实现全面小康目标，对电力领域提出的重要任务和要求。多年来，国家电网公司在开展电力扶贫、推进城乡电网服务均等化、促进城乡电网协调发展、资源配置失衡等方面出实招、干实事，积极主动承担责任，尽一切可能补齐农村电网发展的短板，使农村电网改造升级工程真正惠及每一个农村、每一个农户家。此次，在建设任务重、工作标准高、时间要求紧的情况下，国家电网公司统筹部署、积极行动，扎实推进"两年攻坚战"各项工作。

2016 年 3 月 29 日，时任国家电网公司董事、总经理、党组成员舒印彪主持召开新一轮农村电网改造升级工作领导小组第一次会议，成立以主要负责人为组长的新一轮农村电网改造升级工作领导小组及办公室，定期召开工作会议，协调解决存在的问题，扎实推进工程顺利实施。各省、市、县供电公司也相应成立了组织机构，形成上下贯通的工作体系，逐级落实主体责任，加强资源调配、工作协同。这些强化内部沟通、协同推进工程建设的周密严谨的运行机制，为高质量完成新一轮农村电网改造升级工程提供了保障。

2016 年 4 月 29 日，国家电网公司召开实施新一轮农村电网改造升级工程暨第一批项目开工动员电视电话会议，动员公司上下统一思想、落实责任、强化措施，正式启动实施井井通电、小城镇（中心村）电网改造升级、村村通动力电等"两年攻坚战"。工程实施过程中，国家电网公司主要负责人、分管负责人高度重视，定期深入一线，现场指导新一轮农村电网改造升级"两年攻坚战"工程建设。各级领导干部各负其责，靠前指挥，积极推进工程建设实施。

2017 年 4 月 8 日，国家电网公司董事长、党组书记舒印彪在西藏调研日喀则新一轮农村电网改造升级工程建设中创新应用开展的"工厂化预制"模式。

2017 年 8 月 1 日，国家电网公司总经理、党组副书记寇伟在西藏电网工程建设现场调研并慰问一线工作人员。

2017 年 9 月 1 日，国家电网公司副总经理刘泽洪到西藏山南调研指导新一轮农村电网改造升级工程建设。

2016 年 8 月 11 日，国家电网公司总经理助理单业才到青海西宁施工现场察看农网工程物资。

2017 年 7 月 6 日，国网运检部主任周安春在湖南宁乡检查新一轮农村电网改造升级工程施工现场。

根据国务院决策部署，中央财政对中西部农村电网改造升级工程给予 20% 国家资本金支持，对青海、四川、甘肃的藏区和新疆的南疆给予 50% 政策支持，对西藏给予 80% 政策支持。边远贫困地区农村电网发展滞后，大部分县级供电企业按现有盈利能力测算，农村电网建设、改造资本金缺口巨大。国家电网公司在加大资金筹划等方面进行了翔实调研、精心部署、认真落实，克服资金筹措、还本付息和资产负债率上升等方面困难，全力保证新一轮农村电网改造升级"两年攻坚战"工程建设顺利开展。

此次新一轮农村电网改造升级"两年攻坚战"工程总投资 1423.6 亿元。其中，井井通电工程项目总投资 456.9 亿元，小城镇（中心村）工程总投资 754.2 亿元，村村通动力电工程总投资 212.5 亿元。

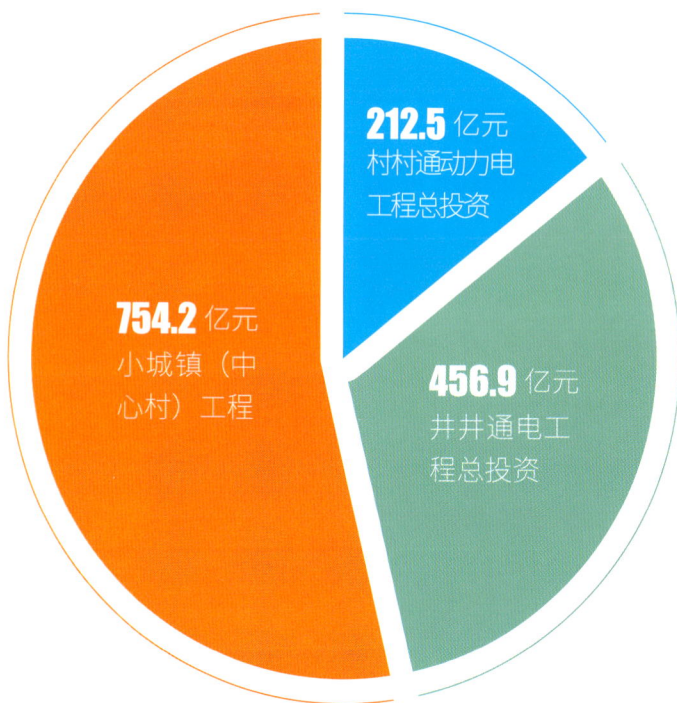

"两年攻坚战"工程总投资 1423.6 亿元

　　针对井井通电、小城镇（中心村）电网改造升级、村村通动力电三大攻坚任务，国家电网公司逐井、逐村（镇）开展实地调研并建立档案，做精做细工程前期，一次建设到位、30 年不大拆大换。

　　全面实施标准化建设，提出项目需求"一图一表"，设备选型"一步到位"，建设工艺"一模一样"，管控信息"一清二楚""四个一"工作要求。

台架电缆出线分散计量正面全景图。

典型设计机井配电变台。

　　推广应用通用设计、通用设备、通用造价和标准工艺，制定 5 种小城镇（中心村）电网改造升级典型模式，发布推广《国家电网公司机井通电工程典型设计》和《国家电网公司分布式光伏扶贫项目接网工程典型设计》，编制完成 11 项技术标准，119 项招标技术规范。

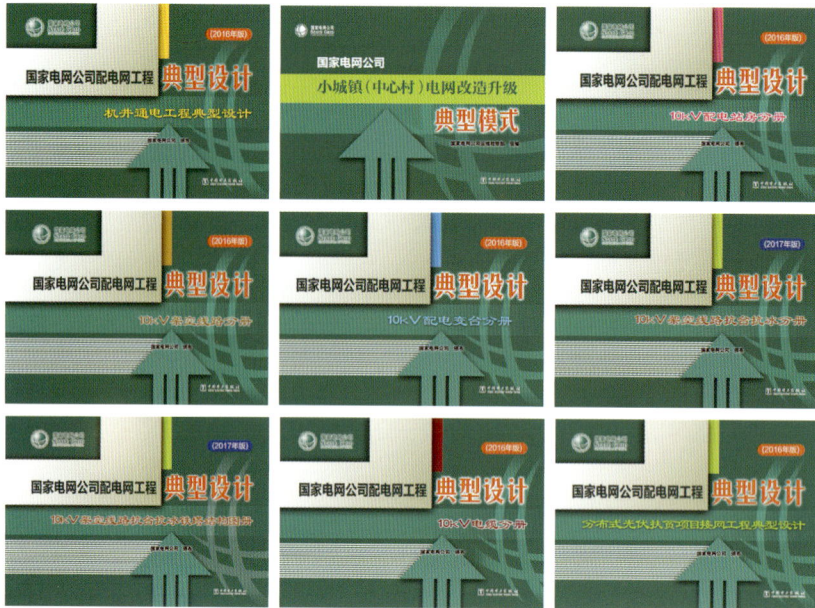

加大安全管控力度，落实各级安全责任，强化外包队伍安全管理，推广应用现场安全管控系统，组织省际交叉检查，确保不发生重大安全责任事故。

规范工程管理，针对性下发《国家电网公司农网改造升级工程管理办法》等8项管理规章制度，加强审计监督，打造"廉洁工程""阳光工程"。

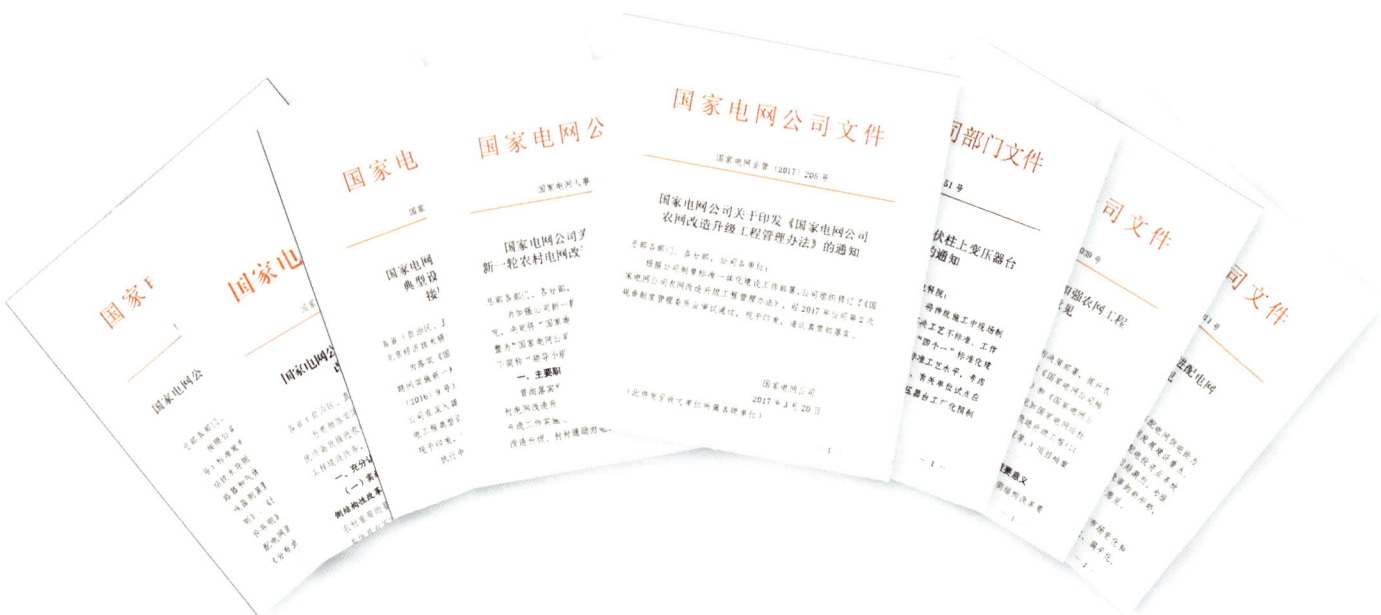

国家电网公司积极主动与各省级政府联系对接，公司班子成员分头与24个省（直辖市、自治区）政府签署共同推进小城镇（中心村）电网改造升级和"井井通电"工程合作协议。所属各地（市）公司分别与地方县级政府签订协议，将农网工程纳入政府重点工作，高效协同推进项目建设。有关专家认为，这是一种"主动作为、合力攻坚"，将助力政府打通城乡基本公共服务均等化"最后一公里"。

国家电网公司与24个省（市、自治区）分别签订农村电网改造工程合作协议。

集团作战「攻坚克难」
以实际行动向人民交上满意答卷

本轮工程时间紧、任务重、要求高，施工地点多数地处偏远，经常需要翻山越岭才能到达作业场地，气候环境恶劣，极端天气和地质灾害多发，国家电网公司加强工作组织，调配精干力量，想尽一切办法，克服一切困难，提前 3 个月完成新一轮农村电网改造升级"两年攻坚战"建设任务。

针对供电面积大、负荷分散、高寒地区有效施工期短等难题，国网山东、河南电力统筹协调，实施精益管控，强化落实政企协同机制，为工程实施创造了有利的外部条件；针对贫困地区特殊地理环境及农网底子薄的现实，国网山西电力以精准投资、精准改造、精准建设和严格执行标准化要求等提升建设效率；针对山地、林地多、环境保护要求高、地形复杂多样运输不便等挑战，国网湖北电力比较运输方案，供电员工肩挑手扛争分夺秒运送农网改造物资；针对气象灾害多发的情况，国网福建电力着力提升线路防灾抗灾能力和智能化水平……

四川省绵阳市旱丰村位于海拔 2000 米的高山上，在村村通动力电的过程中，四川电力党员服务队上门服务。

重庆江津供电公司组立农村电网电杆。

河北井陉县供电公司员工背着物资和工器具，徒手攀爬近60度的山岩前往山顶的建设地点。

重庆万州公司屏锦所员工完成改造任务归来。

农村电网改造"棒棒军"挑着塔材艰难上山。

国网天津电力工作人员爬山前往施工现场。

湖南永顺县泽家镇农村电网改造现场施工人员搬运电杆。

国网天津电力蓟州供电公司工作人员协作爬上陡坡巡视农村电网线路。

河南鹤壁供电公司施工人员在泥泞的只有1米多宽的山道上，用自制的简易车艰难行进。

国家电网公司把农网改造升级作为"两学一做"学习教育的重要实践，在每个施工队伍中组建临时党支部，参建党员发挥了示范带头作用。公司上下发扬铁军精神，加班加点、连续作战、奋力攻坚，全力打造经得起历史和实践检验的"民心工程""德政工程"。

国网绵阳供电公司 35 千伏农村电网升级改造，党员冲锋在前。

国家电网西藏电力共产党员服务队。

国网山西电力帮扶人员在西藏昌都成立临时党支部，重温入党誓词。

国网青海电力共产党员服务队队员正在安装金具。

国网河北电力员工为井井通电做电力宣传。

特别需要提到的是，2016～2017年，西藏新一轮农村电网改造升级"两年攻坚战"投资119.12亿元，用于7个地市的62个县2797个小城镇（中心村）的电网改造升级，是"十二五"西藏农村电网建设投资总额的1.4倍。国网西藏电力面临建设任务繁重、管理力量严重不足的实际困难，国家电网公司发挥集团优势，开展了针对西藏的人员、技术、施工、物资等全方位专项帮扶。安排国网河北、山西、山东、江苏、浙江、安徽、福建电力对口支援西藏阿里、昌都、日喀则、拉萨、那曲、山南、林芝7个地市工程建设，两年时间里，在藏帮扶人员高峰时到达1092人，参建人员4.1万余人，累计短期帮扶人员2232人，累计帮扶107349人·天。西藏地理环境气候恶劣，地广人稀，农村电网改造升级工程的建设多在海拔4000～5000米之间，最高海拔达到5880米，人的体力极易被消耗，有效施工工期短，国家电网公司帮扶人员不畏艰难，推进工程全面竣工投产，为西藏农村经济社会发展注入强大动力。

现场勘验西藏日喀则市谢通门县谢通门110千伏变电站—查布变电站35千伏输变电工程线路路径。

2016年12月16日，国家电网公司在拉萨召开西藏新一轮农村电网改造升级工程专项帮扶工作动员会。

情系"三农",大道光明。农业、农村、农民乃国之根本,是全面小康社会建设的重中之重。人民对美好生活的向往,就是我们的奋斗目标。国家电网人将进一步履行央企责任,加快建设坚强农村电网,助力城乡一体化建设进程,为全面小康社会建设和中华民族伟大复兴贡献全部力量!

农村电网改造升级后助力四川省北川县凤阳村农村产业发展。

湖北省大山中的农村电网改造"棒棒军"。

鸡场养殖户用上放心电。

井井通电篇：

注入农业发展新动能

2017 年 9 月 23 日，由国家电网公司投资建设的 2016～2017 年井井通电工程全部竣工，比国家要求提前 3 个月实现供电区域内平原地区井井通电全覆盖。

这是国家电网公司贯彻落实国务院关于全面实施农田井井通电、确保粮食增产增收任务的重要举措。

井井通电工程对保障国家粮食安全、实现农业现代化、促进经济平稳增长具有重要意义。李克强总理在《2016 年政府工作报告》中提出"抓紧新一轮农网改造升级，两年内实现农村稳定可靠供电服务和平原地区井井通电全覆盖"。经各级发展改革委（能源局）、水利和农业主管部门确认，国家电网公司经营区内共有 15 个省 155 市 825 县的 150.73 万眼机井纳入 2016～2017 年通电工程实施范围。

作为"十三五"新一轮农村电网改造升级工程的重点任务，井井通电工程是惠及亿万农民的重要民生工程。国家电网公司积极响应国家号召，主动作为，精心谋划，精益管理，积极推进井井通电工程。

井井通电工程

投资规模

总投资 **456.9** 亿元

建设规模

1260.07 千米
新建 35 千伏及以上线路

184 座
新增 35 千伏及以上变电站

387748.49 千米
新建 10 千伏及以下线路

21270.86 兆伏安
新增配变容量

228915 台
新增配变

两年，攻坚。

国家电网公司充分调动内外资源，与 15 个省（市、区）签署共同推进井井通电工程合作协议。几万干部和一线员工迎朝阳披晚霞，在狭窄的田间地头艰辛作业，全力以赴加快推进工程建设。

两年间，公司共投资 456.9 亿元用于井井通电工程，新建、改造 35 千伏及以上变电站 184 座，架设输电线路 1260.07 千米，安装 10 千伏配电变压器 22.9 万台、总容量 21270.86 万千伏安，10 千伏线路 10.6 万千米，低压线路 28.2 万千米。

至 2017 年 6 月 29 日，国家电网公司提前半年完成国家下达的 150.73 万眼井井通电任务，农田覆盖面积 1.37 亿亩，其中包括 225 个国家级贫困县的机井 35.5 万眼，农田覆盖面积 2729 万亩。

2017 年 5 月，水利部在原有任务基础上又新增部分机井，总数确认为 153.5 万眼。国家电网公司第一时间下达资金 18.6 亿元，开辟绿色通道，紧急安排物资招标采购，强化施工力量，全速推进工程建设，确保了 9 月 23 日前完成供电区域全部井井通电的任务。

井井通电工程

建设成效

116.2 亿元
每年减少农民灌溉支出

824 个县（区）
覆盖

153.5 万眼
完成井井通电任务

1.37 亿亩
惠及农田

274.8 万吨
燃油替代

875 万吨
减少燃油二氧化碳排放

井井通电工程的实施极大地改善了中国农民的生产方式。特别是自然环境恶劣的贫困地区，农民从基本"靠天吃饭"，到如今旱涝不愁。

广袤中原，井井通电助力兰考率先脱贫。兰考县田地多为盐碱、沙土地，不能很好地保水、保墒，兰考两年井井通电投资 8834.5 万元，新增通电机井 5617 眼，28 万亩土地喝上了"自来水"，井井通电助力兰考在河南省率先脱贫。两年时间，河南省新增通电机井 38.1 万眼，农田覆盖面积达到 3056 万亩。如今，家里就算只有一位妇女，也只需轻轻一刷卡，就可启动水泵浇地，一个人轻松完成所有灌溉过程。

齐鲁大地，全国头号蔬菜基地靠电升级。山东寿光近年来大力推广"品质农业"，实施大田改大棚、旧棚改新棚工程，大棚内卷帘机、喷灌、温控仪等新技术、新设备的大量应用对供电提出新要求。国网山东电力主动对接寿光市大棚"两改"工程，为 1.1 万个新型智能化大棚提供电源支撑，2016 年寿光试点村集体增收 200 余万元，村民人均纯收入增长 50%。

塞上江南，电力灌溉有力推动了现代农业转型。宁夏地区干旱少雨，农业生产用水主要依靠凿渠引黄河水自流灌溉，随着近年来黄河水量逐年减少、水库蓄水不足，农业灌溉和城乡生活用水不足问题越来越严

重。国网宁夏电力历时 11 个月在全国范围内率先完成全部 2718 眼井井通电任务，为自治区 26 万亩农田节省灌溉成本近 60%，预计粮食亩产提升 20% 以上；同时有效带动上下游产业升级，促进种植业从传统粮食作物向高效、高附加值的经济作物转变，涌现了一大批农村经济新增长点。

通过工程实施，农业电力配套设施得到极大改善，农村用电更加安全可靠，农田抵御灾害能力有效提升，为改善农民生产生活条件，促进农民节支增收，助力农村脱贫攻坚，加快农业产业升级提供了有力支持。

更重要的是，井井通电工程极大地节约了农业生产成本，通电后每亩地浇一遍水平均节省燃油消耗 4 升，节约农民支出约 29.43 元，减少劳力 3～4 人。每年节省农民支出 116.2 亿元，减少燃油消耗 274.8 万吨，减少二氧化碳排放 875 万吨，经济效益和社会效益显著。

为民服务始终在路上。国家电网公司将持续做好通电机井供电服务工作，建立长效机制，及时满足新出现机井的通电需求，确保国家惠民利民政策发挥最大效益。

国网山东电力

砥砺奋进　泽润齐鲁

山东，素有"中国的菜篮子"之美称，亦是全国农业大省，农田灌溉是百姓最关心的问题，机井能通电，省时省力灌溉增收，更是百姓的期盼。1996年，国网山东电力以敢为人先的精神，让山东成为全国首个户户通电的省份。21年后，国网山东电力再次以卓越争先的理念，攻坚克难，创新"三能三不"（能在地面做的不在高空做，能在车间做的不在现场做，能提前做好的不在施工时做）工作法，实施工厂化预制、机械化施工、集团化作业，现场施工效率提高33%，多快好省地完成了全国规模最大的井井通电建设任务，打通了农业灌溉"最后一公里"，每年节约农民灌溉支出25.1亿元，真正把民心工程、德政工程办到了老百姓心坎上，让电力优质服务再次成为连通党心民心的"彩虹桥"。

投资规模

国网山东电力井井通电工程项目总投资 **116.2** 亿元

建设规模

新建 10 千伏及以下线路 **93578.78** 千米

新增配变 **43410** 台

新增配变容量 **4827.2** 兆伏安

建设成效

惠及农田	完成	涉及村数	覆盖	燃油替代
4183 万亩	**42.08** 万眼井井通电任务	**2.4** 万个	**112** 个县（区）	**63.5** 万吨

每年减少农民灌溉支出	减少二氧化碳排放
25.10 亿元	**16.92** 万吨

"天上王城"下的新配变

2016年10月3日，山东省临沂市沂水县泉庄镇崮崖村，村民苗传海正在果园里忙着采摘今年桃子的最后一个品种"寒露蜜"。一台崭新的200千伏安变压器矗立在他果园旁边。

"咱旁边的这个崮，叫纪王崮。崮顶上就是'天上王城'，2013年度全国十大考古新发现的'纪王崮春秋墓葬'就在那里。"国网沂水县供电公司泉庄供电所所长王俊峰指着距离变压器台架只有500米的一座"崮"对记者说。

崮崖村的主要产业是林果业，每年的蜜桃和苹果远近闻名。但是地处贫瘠山区干旱少雨，为了让果树浇上水，村民们想尽了办法。挖水窖存雨水、柴油机抽水，甚至靠畜力车往果园运水。

2016年的冬天，受惠于"井井通"工程，崮崖村的果园用上了省心省力的电灌。泉庄供电所为崮崖村的果园种植区域新上了一台200千伏安的变压器，新架设了900米的线路。

在线路架设的过程中，村民们也是积极主动地砍伐、迁移树木，为线路"让路"。"俺这山里土地薄，一棵树长上十几年才能长起来，平常真是舍不得糟蹋。可这架电是为了俺们好，果园能用上电灌。"村民隗茂庆说。

用上了电灌，收成都不一样了。

"今天节气早，过完年我们就用电灌开始浇地。这桃树开春头遍水太重要了，一次不给它们灌饱了，一年都不给你出力。往年都是拿三轮车推柴油机上去抽水，今年我买了个电机，请老丁（供电所电工丁德顺）来帮忙指导电灌。咱是电闸一拉就出水，轻省得很。今年水浇得好，我得多卖了一万多块。"村民苗传海说。

完成"井井通"建设之后，泉庄供电所还对刚用上电灌的村民们进行了科学用电和安全用电指导。

"我们给每家每户都留下了'一纸一卡'。纸就是一张'明白纸'，上面写着我们的电费电价和安全用电知识。卡是一张'联系卡'，上面写着我们的报修电话和服务监督电话。"丁德顺说。"不光是在电工上门普查的时候会发放'一纸一卡'，在每一个村的电费缴费点，村民缴费的同时，也会领到'一纸一卡'。"

山东临沂沂水县供电公司员工给崮崖村的果园种植区新上一台200千伏安变压器。

国网山东电力提前半年完成覆盖112个县（区）2.4万个村的42万眼井井通电任务，有力促进了全省农民增收、农业增收、农村增绿。谨向同志们表示感谢和问候。希望大家再接再厉，继续建好管好用好井井通电设施，加快新一轮农网改造升级任务，为深入推进农业供给侧结构性改革、加快建设生产美、生态美、生活美的新农村提供强有力的电力支撑。

——山东省委副书记、省长
龚正

国网河南电力
水润中原　物阜民丰

河南是农业大省和全国粮食生产核心区。全省中低产田多，水旱不均，要实现粮食稳产增产，离不开机井灌溉。国网河南电力在新一轮农村电网改造升级"两年攻坚战"中，将井井通电作为重中之重，围绕"精准投资、确保安全、提升质量、早见成效、依法合规"五个重点，高标准推进工程建设，助力全省粮食增收、农民减负。通过本轮建设改造，全省新增通电机井38.17万眼，受益农田3054万亩，仅灌溉支出一项，每年可减少农民支出11.9亿元。2017年7月，国家统计局公布夏粮生产数据，河南总产量710.8亿斤，创历史新高，继续保持全国夏粮生产第一的地位。

投资规模

国网河南电力科井井通电工程项目总投资 **78.88** 亿元

建设规模

新建10千伏及以下线路 **100674.49** 千米

新增配变 **40919** 台

新增配变容量 **4253.8** 兆伏安

建设成效

惠及农田	完成	涉及村数	覆盖	燃油替代
3054 万亩	**38.17** 万眼井井通电任务	**1.65** 万个	**94** 个县（区）	**119.36** 万吨

每年减少农民灌溉支出	减少二氧化碳排放
11.9 亿元	**3.83** 万吨

"中国第一麦"熟了

龟裂的黄河滩，饿殍遍野，衣衫褴褛的长队，扶老携幼，艰难西行……这是作家刘震云笔下的"延津1942"；金黄的黄河滩，现代化工厂、高楼鳞次栉比，农民的脸上洋溢着丰收的喜悦……这是现在河南延津的模样。

物换星移，天上人间。勤劳的延津人民在"沙窝窝"里种出了"中国第一麦"，在硕大的"中国第一麦"五个大字后面，是延津县石婆固镇朱辛庄村农田。田里的小麦已经收割，只见"哗哗"的流水从地头机井而出，顺着管道流入干涸的土地。而土地的主人——岳永梅却在不远处的树荫下纳凉、聊天。

"现在种地省时、省力，收割机一来，俺家十亩地我一个妇女一天都收完了，这以前可不敢想。"年过50岁的岳永梅快人快语，家里人都在县城打工，家里地里的活儿都落在她的肩头。"以前最愁的就是浇地，用的是柴油机，没有男人干不成事儿。地头井井通电之后，我闲聊着都把地浇了。"只见岳永梅拿出一张电费储值卡，在电表上轻轻一刷，地头的开关轻按一下，8个小时左右便可以浇完8亩地。

"以前最发愁浇地。"岳永梅一句话道出了延津老百姓的共同心声。延津县位于黄河故道，当地为沙土土质，渗透快，农作物种植期间需要比黏土更多的水肥。小麦进入返青期之后，平均下来每个月需要浇水2次。"柴油机浇地的时候，半夜两三点都需要去田里抢占机井。十来亩地需要3~4天的时间才能浇上一遍，往往是这一轮刚结束没几天，下一轮浇水又开始了。"朱辛庄村民万清选说，"现在是'犁地不用牛、点灯不用油'，以前可不敢想嘞。"

提起今年产量如何时，岳永梅笑着说道："水肥跟得上，收成咋会不好。今年俺家小麦亩产量可以达到700公斤左右，比去年高。"岳永梅算了一笔账，"除了粮食增收外，井井通电以来，仅仅灌溉这一项，每亩地便可以减少支出近百元。"

中原大地丰收景象。

供电公司把着力解决农业排灌问题作为一项重要的民心工程、惠民工程来抓，充分考虑了农田布局、取水点位置和农田配网现状情况下进行电力改造施工，工程施工进度快、施工工艺高、工程做得扎实，是真正让农户享受实惠的民心工程。也为全市脱贫攻坚提供了强有力的电力支持，为其他各项工作开展打下了良好基础。

——河南省济源市人民政府
副市长　俞益民

国网黑龙江电力

政企联动　泉泽黑土

黑龙江省是我国农业大省和粮食主产区。井井通电工程对于黑龙江省全面建成小康社会、深化"两大平原"现代农业综合配套改革、推动农业现代化和城镇化发展具有特殊重要意义。国网黑龙江电力精准确定通电机井数量基础上，全面发起井井通电攻坚战，打造立体水源工程。井井通电工程按期完成，为地方经济发展和农民致富提供坚强动力。

投资规模

国网黑龙江电力井井通电工程项目总投资 **59.2** 亿元

建设规模

新建 35 千伏及以上线路 **785.43** 千米
新增变电容量 **1921.2** 兆伏安

新建 10 千伏及以下线路 **63666** 千米
新增配变 **47445** 台
新增配变容量 **3058.9** 兆伏安

建设成效

惠及农田 **2040** 万亩

完成 **13.84** 万眼井井通电任务

涉及村数 **0.56** 万个

覆盖 **62** 个县（区）

燃油替代 **11** 万吨

每年减少农民灌溉支出 **2.6** 亿元

减少二氧化碳排放 **2.93** 万吨

锦旗送给电力人

黑龙江农民生存靠黑土地，脱贫致富也靠黑土地。

肇州县杏山乡安居村是井井通电工程受益村之一。通过施工改造和新建，大庆供电公司将该村现用的裸导线全部更换为大截面的绝缘线，将10米的电杆换成了12米的新电杆，增加了变压器容量，更换了变电站主变，这里的农民浇地用电再也不用为电压质量而担心了。

2017年6月20日，安居村村民黄国柱为供电公司送来一面印有"电力工人辛勤施工，解决百姓灌溉难题"的大红锦旗，用最质朴的方式表达对供电人的感激之情。

黄国柱说："我家今年种了西瓜和大蒜共计300亩地，前段时间高温、干旱，我心里这个急呀，幸亏杏山供电所的工人起早贪黑地施工，让我家的机电井及时通电，一点都没有耽误农时，电力工人可真是帮了大忙了，今年我家一定能大丰收！"黄国柱介绍说，他家以前浇地都用柴油机发电灌溉，非常累，光水泵、水管要拉满满的一架子车，浇一次地没有四五个人是不行的，而且电压还不稳定，经常打不上来水，费时、费力还费钱，自从井井通电后，一合闸，水就出来了，浇地太方便了，几百亩地他一个人一两天就能浇完。

有电就能致富。摇曳的绿色稻秧，飘着阵阵的清香，汩汩的清泉流进黑土地，也流进了农民的心田。黑土地上千千万万的村民如同黄国柱一样，对今年旱涝保收充满了信心。

农田灌溉井井通电配套服务工程的实施，为粮食稳产增产提供了重要保障，受到了当地老百姓的一致肯定。

——哈尔滨市阿城区料甸镇
镇长 梁晶鑫

电灯不再忽明忽暗，刮风下雨不用担心停电，新富村迎来了脱贫致富的新希望。

——哈尔滨市双城区新富村
村民 吴云霞

国网吉林电力
围绕特色　服务发展

东北是我国重要的工业与农业基地。吉林省将农村发展建设作为全面建成小康社会的主要发力点。国网吉林电力紧扣服务区域经济发展的主线，把"提高农民收入，改善农村环境"作为"井井通电"工程的出发点和落脚点，坚持"统一安排、严格管理、规范运作、勇创一流"的原则，科学开展工程项目规划和立项，规范履行工程项目建设程序，全面加强项目建设管理，加大项目质量监管力度，明确工程建设时间节点，确保按时完成建设任务。

投资规模

国网吉林电力井井通电工程项目总投资 **39.4** 亿元

建设规模

新建 35 千伏及以上线路 **422.64** 千米　　　新建 10 千伏及以下线路 **33826.56** 千米

新增变电容量 **59.56** 兆伏安　　　新增配变 **16311** 台

新增配变容量 **1318.8** 兆伏安

建设成效

惠及农田	完成	涉及村数	覆盖	燃油替代
1685 万亩	**9.33** 万眼井井通电任务	**0.23** 万个	**17** 个县（区）	**198.34** 万吨

每年减少农民灌溉支出　**2** 亿元　　　减少二氧化碳排放　**2.98** 万吨

"好战"所长吕国峰

2016 年冬天，大安地区的大雪天给他们的施工带来了诸多困难。由于井井通电工程多是在田间地头，本来低洼不平的土地再覆上厚厚的白雪，给施工车辆的进入增加了重重障碍。

"工期紧，任务重，天气既然给我们出难题，我们就要有能力解决。"吕国峰在作业动员会上给所里员工鼓士气。吕国峰与所里的四名员工共同组成共产党员突击队，提前排查施工地段环境，并且在每次大雪过后，趁着雪层松软，第一时间进行清理，保障作业工程车辆能够通行和施工。

"所长每天不分白天黑夜地跟我们干，我们加点班，熬点夜没啥大不了的。"供电所员工汤洪福一边收拾着作业工器具一边说。

吕国峰眼里容不下"沙子"，干什么事都特别认真。在前不久的一次台区真空开关接引线夹安装工作中，施工人员按照习惯，用一个并沟线夹组装完成，认为丝毫不影响正常运行。在当天的工作验收中，吕国峰发现了这个做法，立即责令工作人员正确使用两个线夹安装。事后，他还找到许多技术资料跟同事们一起研究学习。

吕国峰的施工队每到一处都会带给当地村民增产增收的新希望，村民们听说田野里架起的新线路能够让他们用上电机井浇地，每年每户能省下2000 多元的灌溉费用，大家心里都乐开了花。

实施井井通电后，一推电闸，水就出来了，方便快捷，还省钱，农民种田的积极性也高涨了不少。

——四平市公主岭市朝阳坡镇
镇长　刘振波

用电灌溉不用愁，彻底让我们农民实现了旱涝保收，这多亏了供电公司井井通电工程！

——长春市九台区卡伦镇
南岗子村农民　杜国臣

大雪天施工现场。

国网山西电力
精准扶贫　电惠民生

对于山西这个拥有 25 个贫困县的省份而言，井井通电工程是服务农业现代化建设的"惠民工程"，更是一项扶贫工程。国网山西电力针对贫困地区特殊地理环境，在可研初设阶段反复勘探测量，仔细规划线路走廊、合理配变布点、优选典设方案，实现精准投资、精准改造、精准建设。井井通电"两年攻坚战"工程的全面完成，标志着山西农田灌溉基本实现机井用电全覆盖。

投资规模

国网山西电力井井通电工程项目总投资 **34.9** 亿元

建设规模

新建 10 千伏及以下线路 **10161.68** 千米

新增配变 **26105** 台

新增配变容量 **2859.54** 兆伏安

建设成效

惠及农田	完成	涉及村数	覆盖	燃油替代
909.06 万亩	**4.54** 万眼井井通电任务	**0.54** 万个	**69** 个县（区）	**0.23** 万吨

每年减少农民灌溉支出 **0.2** 亿元

减少二氧化碳排放 **0.06** 万吨

井井通电　水润山阴

"浇地方便了，费用降低了，丰收更有保证了，井井通电工程给我们农民带来了大实惠！"自从 2016 年山西朔州山阴县实施井井通电工程以来，这成为受惠农民的一致声音。

"以前，乡亲们抽水浇地时，变压器常常不给力，耽误事儿啊。"2017 年 3 月 8 日，在山阴县黑疙瘩乡解庄村的田地里，62 岁的农民郭进生介绍说，"井井通电后，原来的笨重老旧的变压器全部换成了高负荷的非晶合金变压器，负载能力提高了一倍多，这下再也不用担心排灌高峰期用电紧张了，方便得很！"

井井通电工程的实施还减轻了农民的经济负担。解庄村村委会李会计给大家算了一笔账："原先属于村集体所有的变压器，每月除了应交的电费，还需交一笔专变用户的基本电费，平时还要自己负责维护检修；而用通电后的机井浇地，原来的专变变成了公变，只需要交每月的电费即可，维护检修全部归供电局，这下不光费用低了，而且更安全可靠了，真是惠民的大实事啊。"

山阴是农业大县和中国"奶都"，农村经济收入主要靠农业和养殖业。但全县中低产田多，水旱不均，农业基础薄弱。要实现粮食稳产高产，必须加大投入，打造高标准良田。2016 年以来，国网山阴县供电公司积极推进井井通电工程，在全县抗旱浇灌、保障粮食稳产增产、助力农民减负增收、促进农业转型升级过程中发挥了积极作用。

供电公司心为民系、利为民图，在农村电网改造升级工程中，为平顺、为西沟做了很多的工作，现在西沟很多的厂子都是看到西沟电力供应足，才决定落户西沟，为村民们提供了很多就业的机会，也为平顺县早日脱掉"全国贫困县"的帽子作出了贡献。

——山西平顺西沟人，第一届至第十二届全国人大代表，全国三八红旗手，全国劳动模范，全国道德模范　申纪兰

供电公司能心系百姓，及时改造农村电网，解决我们的用电困难，我代表村民们感谢你们！

——山西省长治市襄垣县王桥镇返底村党支部书记、村委会主任段爱平

国网河北电力
强化管控　集团攻坚

··

河北省是全国 13 个粮食主产省之一。为进一步提升农业绿色、低碳、现代化程度，全力助推河北南部地区农村经济社会发展，国网河北电力将井井通电工程作为"两年攻坚战"任务的重头戏，统筹调配整合各方资源，着力做足前期，积极与地方政府加强沟通，建立协作机制，为工程建设提供坚强外部保障。采取"集团化运作"等形式统筹安排施工力量，全部工程如期完工。河北南部平原地区已实现机井用电全覆盖，农业用电基础设施得到极大改善。

投资规模

国网河北电力井井通电工程项目总投资 **32.8** 亿元

建设规模

新建 10 千伏及以下线路 **24090.71** 千米

新增配变 **22932** 台

新增配变容量 **1616.37** 兆伏安

建设成效

惠及农田	完成	涉及村数	覆盖	燃油替代
1746.5 万亩	**30.22** 万眼井井通电任务	**5.02** 万个	**96** 个县（区）	**27.1** 万吨

每年减少农民灌溉支出 **12.5** 亿元

减少二氧化碳排放 **7.22** 万吨

电亮未来幸福生活

2017 年初春，一座新的变压器台区在沧州献县淮镇西南村竣工，与周围刚刚返青的麦苗和谐相守，犹似曼妙田园画。"这下可解决我们的大问题了，以后不用再担心村南这几百亩的浇地问题了！"该村党支部书记戈兆坤如是说。

近年来，河北南部地区农排电力设施基础薄弱是制约农业绿色化、低碳化、现代化发展的重要瓶颈。部分落后地区农业灌溉面临经济性、便捷性、安全性等多重考验。

在井井通电工程中，我们合理采用地埋电缆，解决了低压线路需要大量人力维护的问题。切实为农户提供了方便，只需办理一张电卡，即可刷卡取电抽水进行农田灌溉，老百姓的实惠看得见摸得着。国网河北电力有关部门负责人介绍。

针对排灌资产产权分散、设备老化、供电保障能力不足等问题，国网河北电力严格遵循"政府主导、用户自愿、供电企业积极作为"的工作原则，结合摸排情况开展问题专题分析，主动与地方政府汇报沟通，广泛宣传国家惠民政策和公司利民举措。据介绍，在河北石家庄市，741 户用户资产排灌变压器产权人已全部签订《固定资产无偿移交验收签证书》，该市 17 个县全部排灌电力设施均由供电公司统一管理，快捷方便的供电服务受到农村客户的一致好评。

电力员工在安装配变。

新一轮农村电网改造升级工程意义重大，省发改委要与省电力公司一道，落实新一轮农村电网改造升级工程，使其成为推进供给侧结构性改革和扶贫的有效措施。

——河北省省长　张庆伟

国网辽宁电力
电力惠农　天辽地宁

国网辽宁电力统筹布局、精准发力,全力推进井井通电工程建设。通过农村电网改造升级,服务农村产业转型,实现惠农富农。井井通电使农民用上了操作简易、快捷、故障率低的机井,同时减少了使用柴油机灌溉带来的高额费用支出,实现绿色灌溉,提升了农业整体灌溉效率,受益农田183万亩,每年可节省灌溉费用1.6亿元,实实在在为农户送去了电力"大礼包",农民从靠天吃饭变为靠电致富。

投资规模

国网辽宁电力井井通电工程项目总投资 **12** 亿元

建设规模

新建10千伏及以下线路 **4725.58** 千米

新增配变 **7176** 台

新增配变容量 **474.39** 兆伏安

建设成效

惠及农田	完成	涉及村数	覆盖	燃油替代
183 万亩	**2.14** 万眼井井通电任务	**0.42** 万个	**44** 个县(区)	**1.25** 万吨

每年减少农民灌溉支出	减少二氧化碳排放
1.6 亿元	**0.33** 万吨

八千亩桃林丰收在望

"你看这水蜜桃现在长得多好！前阵子一直浇不上水，差点桃落树死！"2017 年 7 月 4 日上午，林老汉蹲在桃树下抽着旱烟，乘着凉，看着正处于膨大期的水蜜桃，喜滋滋地对刘春华、杨树俊说。

刘春华、杨树俊是辽宁朝阳供电公司北四家子供电所的员工。当天，他们到唐杖子村的桃园里指导桃农灌溉安全用电，刚巧碰上用机井水浇完地的林老汉。

"刘师傅，现在一通上电水流充足，浇我这 3 亩地的桃树可快了。"

"老林大哥，这回你就等着有个好收成吧！但是，浇水时一定得注意安全用电。"

"放心吧，你们发的用电安全宣传册里面的内容我都看过了。"

林老汉所在的北四家子乡是全国有名的"水蜜桃之乡"。这里产的桃子甜脆可口，8000 亩桃林已成为村民发家致富的"命根子"。但是，这里土质特殊不易留存水分，村民灌溉用水需求很大。

2017 年入春以后，辽西地区出现了 60 年不遇的严重旱情，农业生产受到了极大影响。朝阳供电公司面对严峻的旱情加快井井通电建设，及时为北四家子乡桃山上 17 眼井井通电，新架设线路 7.3 千米，新装变压器 5 台。

桃园里一路清凉相送，清澈的井水在棵棵桃树下流淌。"如果行情好的话，今年预计能增收三四万块钱呢！"林老汉黝黑发红的脸上洋溢着丰收的喜悦。

井井通电使八千亩桃林丰收在望。

电力是国民经济重要的基础产业和先导产业，大力发展安全、经济、清洁、可持续的电力能源，进一步提高电网的供应保障能力，是辽宁振兴发展的现实需要。国家电网公司是特大型国有重点骨干企业，此次与辽宁签署合作框架协议，标志着双方的合作迈上了一个新的台阶，必将推动我省电力事业发展。我们将不断提高服务水平，为国家电网公司在辽宁发展营造良好环境，推动合作项目顺利实施。

——辽宁省委书记、省人大常委会主任　李希

国网蒙东电力
井井通电　浇灌草原

国网蒙东电力积极参与内蒙古自治区组织开展的抗旱保春灌工作，为蒙东地区农村生产生活提供强有力的电力支持和用电保障。主动摸底调查政府现有农田水利机井设备存在的安全隐患、施工工艺标准等情况，形成调查报告报送政府，并提出合理化建议。经过近 14 个月的艰苦奋战，2017 年 6 月 23 日，国网蒙东电力井井通电工程全部竣工，为内蒙古东部地区抗旱浇灌、保障粮食稳产增产、助力农民减负增收、促进农业转型升级提供保障，农民用电更加安全便捷。蒙东大地在一眼眼电机井的浇灌下，焕发出勃勃生机。

投资规模

国网蒙东电力井井通电工程项目总投资 **10.8** 亿元

建设规模

新建 10 千伏及以下线路 **7483.91** 千米

新增配变 **4565** 台

新增配变容量 **452.2** 兆伏安

建设成效

惠及农田	完成	涉及村数	覆盖	燃油替代
319.84 万亩	**3.48** 万眼井井通电任务	**0.16** 万个	**32** 个县（区）	**5.72** 万吨

每年减少农民灌溉支出 **3.18** 亿元

减少二氧化碳排放 **1.52** 万吨

井 长

　　"今天都排满了，你们家明天来浇吧，一早我就去给你接电！"农忙时节，国网蒙东林西县供电公司官地镇供电所员工王永春的手机几乎成了热线，他一天要往机井口跑好几趟，给周围的村民接电浇地。这一切都是因为王永春接受了一个特殊的职务：机井用电管理员，俗称"井长"。

　　"过去，一到农忙的时候，村民经常为了争井闹矛盾，水泵的电线也是私拉乱扯，很不安全。"官地镇供电所员工王永春介绍说，井井通电后，按照"一井一表一户"的原则，建立了机井用电管理员制度，因村民们的信任，他便当起了官地镇龙头山村5组机井的"井长"。"井长"不仅要负责保管计量箱钥匙、给村民接电和计量，提供24小时上门抢修、设备巡视，还要协助做好安全用电宣传等工作。"今年大旱，要不是供电公司及时帮忙，今年我们就是白忙活，还有就是我们的王井长，为我们可是操碎了心啊，这浇地纠纷也比往年大大减少了。"龙头山村委会主任说。

　　"我是一名农民的儿子，就应该处处想着咱农民。"这是王永春常说的一句话。官地镇供电所的员工大部分都是家住在农村的农电工，为了更好地服务"三农"，在农忙季节的田间地头，经常有他和工友忙碌的身影，对农灌线路进行维护，确保农田浇水灌溉顺利进行。今年春天，该镇下官地村急需装机电井设备浇地抗旱，王永春了解情况后，马上到实地勘察，确定施工方案，带领施工人员仅用一天时间，就为该村安装了机电设备，没收一分施工费用，确保该村200亩耕地浇上了水。

国网林西县供电公司员工王永春，在抗旱保电期间为林西县官地镇上官地村五组井井通电工程的机井调试出水。

　　天义镇是宁城县政府所在地，处于本地经济发展的核心位置，周边存在大片基本农田。在未建设井井通电工程前，农田的灌溉成为一个大问题。几个井井通电变台的建设，大大改善了农田浇灌困难的现状，为促进农民增收发挥了积极作用。

——赤峰市宁城县天义镇政府

综治办主任　刘建光

国网宁夏电力
塞上电力　情系民生

宁夏干旱少雨，农业生产用水主要依靠凿渠引黄河水自流灌溉。自井井通电工程启动以来，国网宁夏电力积极向地方党委政府汇报，及时高效解决工程建设中的重大问题，为工程建设提供坚强组织保障。2017 年 5 月 30 日，国网宁夏电力在国家电网公司系统率先完成"两年攻坚战"井井通电工程建设任务。这不仅满足了自治区 26 万亩农田灌溉用水的需求，还为自治区进一步加大产业升级力度、农民增产增收奠定了坚实基础。

投资规模

国网宁夏电力井井通电工程项目总投资 **1.3** 亿元

建设规模

新建 10 千伏及以下线路 **799.64** 千米

新增配变 **521** 台

新增配变容量 **53.62** 兆伏安

建设成效

惠及农田	完成	涉及村数	覆盖	燃油替代
26 万亩	**0.27** 万眼井井通电任务	**0.02** 万个	**13** 个县（区）	**0.17** 万吨

每年减少农民灌溉支出 **0.10** 亿元

减少二氧化碳排放 **0.46** 万吨

电力"及时雨"送田间

在西北干旱区宁夏平罗县，水是最紧要的事，多年来掣肘当地农业发展。从2017年开始，变化开始出现——"井井通电"工程就像一场及时雨，滋润了干涸的农田。

4月的宁夏，阳光普照大地。平罗县姚伏镇周城村供港蔬菜基地的马路边上，干渴的黄土地露出一道道或深或浅的裂纹，空气中似乎没有一丝水分，人只站了一小会儿便口干舌燥。

"我见过真正的干旱，太苦了。"供港蔬菜基地负责人蒙正木不愿再多提。52岁的任炳接过话头："我记得2003年春灌，缺水太严重，太阳天天烤着庄稼地，田里都冒着热气，晚上等温度低一点我就自己拿水浇。那时候没少过苦日子，旱起来每亩麦子只有三四百公斤的收成，水足的情况下亩产七八百公斤都没问题。没有水，种啥都白搭。"

蒙正木的蔬菜基地有3100亩地。蒙正木说："春灌水不足，产量就上不去。就拿菜心来说，水充足，亩产800～1000公斤都不成问题，可一旦水不够，产量迅速减少一半。经济作物的用水量比耐旱作物多一倍，到了夏天，更要连续不断地喷水灌溉，稍不留神几千亩地就全部完蛋。"

那些年除了靠天吃饭，灌溉方式也不牢靠。蒙正木说："以前这里的地要从周城之沟引水灌溉，水量太小，种不了经济作物。"

"只有机井抽水才能保证春灌的水够用。"蒙正木背着手站在蔬菜基地的田垄间，眼见着"井井通电"工程试水，庄稼地里的灌溉喷头360°高速旋转，水花四溅，空气里都是清凉的味道。井井通电后，充足的地下水源源不断地被抽送至田间。

玉米地实现机井灌溉。

感谢国网宁夏电力公司为宁夏发展作出的突出贡献，特别在总公司印彪董事长、寇伟总经理的大力帮助下，宁夏电力公司有力地支持了全区工业经济发展，展现出了电力系统一直以来服务国家、服务企业、服务人民群众的优良传统，我代表自治区党委、政府向你们深表感谢，也请代我向印彪董事长、寇伟总经理表示衷心感谢，欢迎他们多来宁夏指导工作。

——宁夏回族自治区党委书记
李建华

小城镇（中心村）篇：
激活农村发展内生动力

"小康不小康，关键看老乡"，习近平总书记这句话全面揭示了全面建设小康社会的重点和难点。没有农村的小康就没有全国的小康。

2017年9月25日，城乡普遍服务均等化在能源领域实现了又一突破。国家电网公司全面完成供电区域26个省（自治区、直辖市）6.6万个小城镇（中心村）电网改造升级任务，累计投资754.2亿元。城市、农村户均停电时间差缩小到3.9小时，综合电压合格率差值缩小0.55个百分点，农村10千伏供电服务半径小于10千米。

这是国家电网公司贯彻落实国务院关于实施小城镇和中心村农村电网改造升级工程，促进农村经济社会发展和全面建设小康社会的重要举措。

小城镇（中心村）

投资规模

总投资 **754.2** 亿元 ￥

建设规模

7750.36 千米
新建35千伏及以上线路

336 座
新增35千伏及以上变电站

374308.03 千米
新建10千伏及以下线路

35928.03 兆伏安
新增配变容量

168819 台
新增配变

建设成效

66084 个
改造升级小城镇（中心村）数

1.19 亿人
惠及人口

　　此前，国务院提出要确保到 2017 年年底完成小城镇（中心村）电网改造升级。无论是小城镇，还是中心村，较为齐全的公共基础设施都是提高农村居民生活水平的必要条件。近三年，我国农村耐用家电消费超过 5000 亿元。各种电器的广泛应用，提高了农村用能效率，改善了农村生产生活条件和生态环境，促进了社会主义新农村建设。但是与大城市电网相比，小城镇受发展基础、自然条件等方面的制约，在供电能力、可靠性等方面仍存在一定差距。

　　小城镇（中心村）电网改造升级是统筹城乡、共享均等的必然要求。全面建成小康社会对电力的要求，是结合推进新型城镇化、农业现代化和扶贫搬迁等进程，积极适应农业现代化和农村消费升级需求，提升小城镇和中心村供电可靠性和供电能力，加快缩小城乡电力差距，努力使农村居民共享均等的电力服务。

江西省遂川县供电公司员工正在改造 10 千伏盆珠线。

2016 年 4 月，重庆市奉节县供电公司员工对三峡库区线路进行改造。

时不我待，只争朝夕。

国家电网公司主动承担政治责任、经济责任、社会责任，明确将"小城镇（中心村）电网改造升级"作为新一轮农村电网改造升级的重点任务之一。这项涉及中国农村转型发展的重大工程提前三个月完成。在此过程中，国家电网公司作出了积极的努力，广大电力员工逐村开展实地调研，摸清电网改造需求；积极主动与各级政府联系对接，紧锣密鼓地与 22 个省（自治区、直辖市）政府商议签署关于共同推进小城镇（中心村）电网改造升级合作协议。工程实施过程中，国家电网公司精心部署，各单位认真落实，强化规划统筹、加大资金筹划，逐项工程按天排定里程碑计划，建立"周报告、双周例会"和重点问题日管控机制，同时利用信息化手段强化工程台账、档案和建设全过程管控，为按时保质完成小城镇（中心村）电网改造升级工程奠定了坚实基础。

工程建设坚持适度超前，引领小康。国家电网公司科学制定小城镇（中心村）农村电网改造升级典型模式和技术标准，满足当前和未来一段时期农业农村发展的用电需求。各省改造后的小城镇和中心村农村电网，能够作为未来 5 年本省（区、市）农村电网改造升级工程的标杆，引领农村地区改造升级到 2020 年达到或超过同等标准和水平。

供电公司员工为山区农家院装上智能电表。

对于经济发达的省份来说，小城镇电网改造的标准更高。福建位于我国东南沿海，气候温暖湿润，渔业较为发达，以渔村为主的小城镇较多。因此，改善小城镇居民用电水平成为重点。国网福建电力与福建省人民政府共同出资近 30 亿元，对 1765 个小城镇（中心村）实施电网改造升级，进一步改善了 276 多万村镇人口的用电条件。

酷暑天巡线人员喝下藿香正气水防中暑。

作为重要的基础设施，小城镇（中心村）电网建设具有产业链长、劳动密集、需求拉动作用突出等特点。实施小城镇（中心村）电网改造升级后，提高了农民的用电条件，提升了小城镇（中心村）的供电可靠性和供电能力，有利于扩大合理有效投资，带动电工制造、建筑安装、家用电器等产业发展，增加社会就业和农民增收。对启动农村电动车消费，构建城乡绿色低碳能源体系，支撑农村新型经济发展，替代传统薪柴和化石能源，保护农村生态环境等方面，都起到积极作用。

小城镇（中心村）电网改造升级让农民用上舒心电、安全电、满意电，享受到与城市均等的电力服务，让宜居宜业的美丽乡村成为现实。

国网四川电力

政企合力　农网攻坚

国网四川电力把小城镇（中心村）电网改造升级工程作为重要民生工程，认真落实"安全、质量、进度"要求，细化工作任务，制定各批次项目建设里程碑计划和开竣工时序表；强化全过程管控，组织开展"三个项目部"标准化创建活动，全面推进工程建设，确保按期完成建设任务。共计完成 5992 个小城镇（中心村）电网改造，为四川农村经济和社会发展提供了更为坚实的电力支持和用电保障。

投资规模

国网四川电力小城镇（中心村）工程总投资 **86.2** 亿元

建设规模

新建 35 千伏及以上线路 **794.37** 千米

新增变电容量 **1156.1** 兆伏安

新建 10 千伏及以下线路 **61690.61** 千米

新增配变 **15578** 台

新增配变容量 **2322.62** 兆伏安

建设成效

改造升级小城镇（中心村）数
5992 个

惠及农户
321.84 万户

惠及人口
1009.71 万人

电力护航　柠檬花香

　　四川省资阳市安岳县，以占据全国柠檬生产80%的地位，被称为柠檬之都，然而这个首屈一指的柠檬之都却也曾因为电力不足、低电压的问题而头痛。对于这一点，水观村柠檬基地的业主姚江最有发言权。

　　姚江种植了650亩柠檬，每天灌溉、施肥、打药都需要充足的电量作为支撑，尤其是到了每年3月份后，采摘下来的柠檬必须进入冻库才能保鲜，一旦出现停电，冻库温度一升高，柠檬就会出现黑色斑点，直接影响销售。"原来整个水观村只有2台80千伏安的变压器，我的冻库只要一开，全村的用电直接受到影响。不仅如此，我每天还得派工人随时蹲守冻库防止跳闸停电，这就增加了生产成本。"姚江说。

　　而让他庆幸的是，国网安岳供电公司第一时间将水观村农村电网改造升级纳入重要议程，迅速派出施工队伍入驻水观村。2016年5月，在经过施工队的昼夜抢工后，2台80千伏安变压器更新为100千伏安，同时新增了3台100千伏安变压器。"电压稳了，就算我再扩建冻库、村民再增加生活电器，都不愁了。"

　　"电网就像是路，如果路都不通，经济怎么发展？"国网安岳供电公司根据区域经济发展优势产业不同的特点进行农村电网工程规划，按照"主干线——中心村——经济发展迅猛村"三步走的方式，确保整个电网十年不落后。

　　近年来，国网绵阳供电公司以强烈的政治担当，围绕中心、服务大局，主动作为、真抓实干，大力推进新一轮农村电网改造升级改造工作，努力破解农村用电难题，构筑了"安全可靠、智慧高效"的绵阳电网，为促进全市经济社会持续健康发展作出了重要贡献。

　　——四川绵阳市副市长
　　罗宗志

国网湖南电力

脱贫攻坚　电耀三湘

国网湖南电力认真履行央企经济责任、政治责任和社会责任，加快实施小城镇（中心村）电网改造升级工程，两年共改造小城镇（中心村）4255 个，县域户均容量达到 1.56 千伏安；农村配电网"三率"指标明显改善，运行水平不断提升，供电质量和供电可靠性显著改善。助推了一大批粮食、水产、茶叶、竹木、烟草等优势产业生产基地和深加工基地的兴起，促进了湖南省农村经济社会发展，为全面建设小康社会提供可靠的电力保障。

投资规模

国网湖南电力小城镇（中心村）工程总投资　**52.5** 亿元

建设规模

新建 35 千伏及以上线路 **227.5** 千米

新增变电容量 **471** 兆伏安

新建 10 千伏及以下线路 **38673** 千米

新增配变 **20601** 台

新增配变容量 **3771** 兆伏安

建设成效

改造升级小城镇（中心村）数
4255 个

惠及农户
189.3 万户

惠及人口
647.7 万人

电网改造助力革命老区新发展

从湖南绥宁县城出发，沿美丽的西水河逆向西南蜿蜒 30 千米便是寨市古镇。1930 年 12 月 20 日，邓小平和张云逸率领红七军大破敌军后曾在这里休整。小镇正中的张家祠堂便是邓小平指挥所旧址。

如今，寨市镇已成为绥宁县西南一带最大的乡镇贸易集散地。古镇老街东头，是集市最热闹的地段。一个铁制品摊位在熙熙攘攘的人流中格外显眼，摊主是一名穿着新潮的帅小伙。

小伙名叫张文明，高中毕业后继承了家传的铁匠手艺。以前，镇上三天两头停电，只能靠人抡铁锤干活，一年下来，勉强能养家糊口。去年，绥宁电力公司对镇上的供电线路进行了改造，又新架了高压线路，增加了四台 200 千伏安变压器。充足的电力保障给张文明壮了"胆"，他立马贷款安装了两台电锤和一台二手电动冲床，一年下来，纯收入达到 4 万多元。他自豪地说："周边乡镇，都有我打的农具。"

张文明的摊位就在他家的门口，征得同意后，我们走进他家。房子三层楼，总面积 300 多平方米，水电方便，冰箱、空调、家庭影院一应俱全，可以住三辈人。我们在厨房里看了一圈，微波炉、电磁炉、抽油烟机等电炊具应有尽有。女主人说："我们的生活一年比一年好了！"张文明告诉我们，电网改造后，通过借款买了电动设备扩大生产，明年就可以还清借款。

电网改造升级后，村民在家看电视。

改造前，我们的街道就像个落后的县城，游客照相取景后，要通过电脑才能处理掉杂乱的电线杆、电线。现在，南岳区所有的景点电线全部入地，整洁大方。

——湖南省南岳管理局
副局长、南岳区副区长　曹时桂

稳定可靠的电力是我们实现集约化经营和自动化生产的"定心丸"，我们这里好多产业都产销两旺，经营发展势头良好。

——湖南省绥宁县寨市镇
党委书记　黄先伟

国网安徽电力
电靓八皖　助力扶贫

为加快新一轮农村电网改造升级"两年攻坚战"工程建设，国网安徽电力成立了省、市、县三级专项工程办公室，通过加强建设目标管控，签订目标责任书，督促各市、县公司按照进度目标细化单项工程里程碑计划；优化物资采购和供应保障，开展采购批次适应性调整和招标资源优化安排；建立专项工程现场督查机制，检查批次工程计划总体实施情况，有力推动该工程建设。工程建设完成后，满足了农产品加工、农村电商发展、消费升级的用电需求，提升农业基础设施水平，助推安徽省委省政府"安徽美好乡村建设"战略实施，为扶贫攻坚提供有力支撑。

投资规模

国网安徽电力小城镇（中心村）工程总投资 **50.37** 亿元

建设规模

新建 35 千伏及以上线路 **572** 千米
新增变电容量 **930** 兆伏安

新建 10 千伏及以下线路 **26823.84** 千米
新增配变 **10772** 台
新增配变容量 **2923.7** 兆伏安

建设成效

改造升级小城镇（中心村）数 **9680** 个

惠及农户 **279** 万户

惠及人口 **1064.05** 万人

枣农用上致富电

2016 年 9 月，位于北纬 30 度线上的池州市贵池区棠溪镇西山村"首届西山焦枣开园节"开幕，一时间西山焦枣名声大噪，渐渐走出深山，名扬天下。

据悉，棠溪镇西山村有 8 个村民组约 200 多户村民都以焦枣为主导产业，村民的主要收入也都来自焦枣生产和销售。近年来，随着西山焦枣名气上涨，在当地政府的引导与支持下，西山焦枣发展规模由原来的 2000 亩发展到现有 8000 多亩，产量逐年增加。随着环保的要求和生产规模的扩大，焦枣的烘制由原来的木炭小作坊逐渐被电加热制枣烘干机所替代。早前，该村就已投运制枣烘干机 73 台套，装机容量 511 千瓦，根据枣农们的实际需求仍需添置大量制枣烘干机，由此造成西山村的供电容量严重不足，尤其是在焦枣生产用电高峰期，很多枣农已经购回的设备不能正常用电。

得知枣农们的心声后，国网池州市贵池区供电公司高度重视，联合棠溪镇政府迅速开展用电负荷摸底调查，将西山村纳入中心村农村电网升级改造工程项目。严格按照中心村电网改造技术原则，实现标准化设计，两年内共计新建配电台区 3 个，容量 1000 千伏安，户均容量 5.25 千伏安，改造后的电网满足了中心村及枣农们的用电需求，焦枣制作效率大幅提升，产量也越来越高，当地枣农们用上了"致富电"。

枣农用上致富电。

新一轮农村电网改造升级工程一方面改善农村生活水平效果明显，实现了"电能同质量、服务同标准"，让农村居民享受到了与城市一样的电力基本公共服务。另一方面满足了园区招商引资和重大项目落地的供电需求，促进县域经济持续健康发展。

——安徽省发展和改革委员会
副主任、能源局局长　刘健

自从村里电气化改造后，现在用电很舒心，再也不用担心电压不足了，全村增添了 32 台空调、16 台冰箱、15 台彩电，家家户户都用上了舒心电。我打算等儿子春节回家，把家里的厨房灶具全部换成节能环保的电磁灶，就像城里一样，做饭再也没有烟味了。

——安徽马鞍山市含山县
马元黄村村民　黄存兵

国网江西电力

赣鄱扶贫　电力先行

国网江西电力秉承"重创新、强规范、严督导、求实效"的原则，对小城镇（中心村）电网改造升级进行全过程、全方位的建设管理，全力推进整乡整镇改造，最大限度实现农村电网投资规模化效应。坚持扶贫电力先行，将全省2900个贫困村优先纳入小城镇（中心村）电网改造升级项目，在江西扶贫工作中起到重要支撑作用。9月底，全省3270个小城镇（中心村）完成电网改造升级，为贫困村脱贫致富提供了充足的电力保障。

投资规模

国网江西电力小城镇（中心村）工程总投资 **39.6** 亿元

建设规模

新建35千伏及以上线路 **324.41** 千米

新增变电容量 **172.1** 兆伏安

新建10千伏及以下线路 **25824** 千米

新增配变 **12002** 台

新增配变容量 **1924.8** 兆伏安

建设成效

改造升级小城镇（中心村）数 **3270** 个

惠及农户 **133.42** 万户

惠及人口 **520.35** 万人

我们提前过上了小康生活

"感谢党和政府，提前让我们过上了小康生活"。2017年8月26日，家住信丰县西牛镇虎岗村的刘慧旻坐在木材加工机旁对记者介绍："今年半年多时间，木材加工收入超过1.5万元，生活越过越好。"

刘慧旻祖祖辈辈居住牛镇虎岗村良屋小组，村里木材资源丰富，家家户户种植杉木，刘慧旻自小跟着爷爷学木工，成为远近闻名的"木匠"，2015年东借西凑了上万块钱买回了一台木材加工机。

然而让刘慧旻没有想到的是，机器一开工，原本家里正常使用的电灯"一闪一闪"，电视、电冰箱等电器不约而同"罢工"。原来，刘慧旻家离虎岗变台1.45千米，处于台区末端，高峰用电出现电压不稳的现象。每当木材来料加工时，家里电器只好歇着"让电"，使用电器时来料加工又得作罢，常常耽搁出货。

2016年，国网赣州供电公司启动实施小城镇（中心村）电网改造，把信丰虎岗村纳入中心村改造范围，在良屋小组投入资金50.9万元，改造线路6.2千米，新增变台2个。让刘慧旻满心欢喜的是，就在离他家不到300米处的道路旁新增了一台变压器。

现在电压稳了，刘慧旻不再为电发愁，木材加工机随时都能开，附近村民随时送来随时加工。木材加工一年收入三万元。刘慧旻说："感谢党和政府的好政策，农村电网改造让我们提前过上了小康生活。"

赣州供电公司员工在赣州信丰县西牛镇虎岗台区架设变压器。

你们供电公司做事有板有眼。我们看得见，感受得到，真是办了件大好事。总之一句话，电足了，灯亮了，我们贫困户的希望更大了！对你们的服务，我百分百满意！

——吉安市吉安县路西村塘下村村民　周文清

自从电网改造后，家里由两相电改为三相电，随着电压稳定了，养鸡场还扩大了经营规模，一个月交800元左右的电费。如果没有充足的电力和稳定的电压，扩大养鸡场规模，我想都不敢想。

——赣州市大余县大龙山村的村民　唐方冰

国网江苏电力

农网升级　全国领先

国网江苏电力精心谋划，超前部署，整体规划，统一标准，统筹城乡，协同推进，提前 3 个月完成 794 个小城镇（中心村）电网改造升级任务，打造了 100 个美丽乡村供电示范区，进一步完善了农村电网网架，提升了农村配电网供电质量和可靠性水平。2017 年，江苏农村地区居民户均配变容量已经提升至每户 4.24 千伏安，是全国平均水平的 2 倍多，强力支撑了地方经济发展。

投资规模

国网江苏电力小城镇（中心村）工程总投资 **18.3** 亿元

建设规模

新建 35 千伏及以上线路 **65.28** 千米

新增变电容量 **465** 兆伏安

新建 10 千伏及以下线路 **5484.42** 千米

新增配变 **4916** 台

新增配变容量 **1567.59** 兆伏安

建设成效

改造升级小城镇（中心村）数
794 个

惠及农户
81.4 万户

惠及人口
244.22 万人

美丽电网扮靓古老村庄

"真的太感谢了，你们供电企业的服务简直好得没话说！这次我们古迹村的整治工作能顺利进行，多亏了你们的鼎力支持。今天，我代表全体村民感谢你们！" 7月22日一大早，金坛市指前镇东浦村副书记丁云庚把一面印有"廉明高效情为民众，热情服务心系百姓"的锦旗送到了指前供电所负责人庄志东手中。

为了切实做好样板村电力线路整改工作，指前供电所里组织技术骨干，依托新一轮农村电网改造升级工程，从电网设计、电力通道预留、结构布局等方面入手，尽可能使电力线路与村庄整治合二为一。同时，进一步与乡镇、村对接，提前了解样板村的电力设施情况，全面了解乡村的生活、生产和生态环境；及时与地方村委对接，第一时间取得已立项的美好乡村规划图。根据规划，确定电力设施的初步建改方案，落实每一个建设项目的电力线路通道及台区变压器落点，力求使电网建设与村庄历史、自然、文化有机结合。

为了配合村庄整治工作，指前供电所技术员小赵带领施工队连续半个多月不休息，硬是抢在村水泥路拓宽前完成了杆线迁移工作。如今，走进了东浦村，如同进入古朴、美丽的山水画卷中，一排排整齐笔直的电杆沿路而立，崭新的变压器和导线与一处处灰瓦白墙的徽派村居一同掩映在蓝天白云之间，美丽电网扮靓古迹村庄，共同演绎出一篇和谐的乐章。

电力作业人员对新展放的导线进行固定。

....

中心村改造完成后，将有效改善供电网，保证城乡供电能力和供电质量，满足城乡新增负荷需求，让广大群众少停电、用好电。

——江阴市副市长　费平

供电公司考虑得真周到，电力一直送到了我们的田头，今年的防汛抗洪用电再也不用愁了。

——扬州市宝应县夏集镇双琚村支部书记　沈建军

国网浙江电力

一镇一策 添彩浙江

··

特色小镇是浙江地区经济发展的一大亮点，而特色小镇的定位是"一镇一业"。电力基础设施是小城镇实现由"乡"到"城"转变的关键因素。国网浙江电力结合美丽乡村建设、小城镇环境综合整治等工作，按照产业发展型、休闲旅游型、高效农业型和宜居综合型四种农村地区电力需求，"一镇一策"、"分类施治"，为每个特色小镇都打造了一套专属的最合适的供用电方案，扎实推进工程建设，提前半年完成了3014个小城镇（中心村）电网升级改造任务，确保小镇电力供应。

投资规模

国网浙江电力小城镇（中心村）工程总投资 **13.8** 亿元

建设规模

新建 35 千伏及以上线路 **30.2** 千米

新增变电容量 **32.6** 兆伏安

新建 10 千伏及以下线路 **4606** 千米

新增配变 **1558** 台

新增配变容量 **560.48** 兆伏安

建设成效

改造升级小城镇（中心村）数
3014 个

惠及农户
63.29 万户

惠及人口
184.57 万人

乡村旅游成为香饽饽

热辣的太阳炙烤着大地，乡村的山水成了人们的向往之地。2017年8月3日，摄影师张金水又来到丽水莲都区大港头镇利山村。每逢莲花盛开，他都要赶来一睹风采，"利山这个地方美，空中没有蜘蛛网一样的电线，对我们摄影人来说再好不过了。"

利山村名声在外，周末每天的人流量高达1200人次，带火了周边民宿、采摘园的生意。

"作为土生土长的畲家人，我亲眼看到利山村发生翻天覆地的变化。"精品民宿的老板蓝媛洁说，这两年，她的民宿陆续添置了空调、空气能热水器，游客对民宿的评价越来越高。

用利山村村支书徐联法的话说，自从供电公司为村更换了大功率变压器，电压稳定了，全村搞起了旅游经济，百姓日子火了，"绿水青山"真的变成了"金山银山"。

两年来，丽水供电公司将新一轮农村电网改造工程与"美丽乡村"建设相结合，将线路改造工程纳入"美丽乡村"整体规划，全面提升了配电网的可靠性、安全性和美观度。

像利山这样利用生态资源发展乡村旅游的村镇在浙江不少见。"民宿"作为一种旅游经济新业态，在浙江正蓬勃兴起。农村经济跟上去，农民腰包鼓起来。2016年，浙江农村常住居民人均可支配收入22866元，同比增长8.2%，城乡居民收入比连年缩小。

丽水遂昌供电公司的党员服务队主动上门检修当地民宿用电设备，为乡村旅游的蓬勃发展提供保障。

在中国袜业界，有"大唐袜机响，天下一双袜"的说法，电力公司对我们大唐镇轻纺二路道路两侧原有杂乱、老旧的线路、变压器等设备进行拆除迁移，将架空线路改造成入地电缆，助力小城镇综合整治，美化集镇电力线路，有力保障了大唐的经济发展。

——浙江绍兴诸暨大唐镇
党委书记　徐洪

国网重庆电力

山高情深　电靓山城

重庆素有"山城"之称，境内山高谷深、沟壑纵横，电力设施改造施工尤为困难。国网重庆电力以改善村镇人口用电条件，促进农村电网可持续发展为原则，以配电网标准化建设为抓手，克服作业点分散、施工环境恶劣等困难，实现小城镇（中心村）电网建设"安全、优质、高效"推进。共计完成 922 个小城镇（中心村）电网改造，各项供电指标显著提升，全市中心村户均配变容量平均达到 2 千伏安及以上，消除了负荷高峰时期的低电压问题，满足了广大偏远农村和贫困村发展特色产业的用电需求。

投资规模

国网重庆电力小城镇（中心村）工程总投资 **7.4** 亿元

建设规模

新建 10 千伏及以下线路 **4304.1** 千米

新增配变 **3685** 台

新增配变容量 **506.49** 兆伏安

建设成效

改造升级小城镇（中心村）数
922 个

惠及农户
85.97 万户

惠及人口
176.81 万人

农电成就创业好时光

清晨，江津四面山下，林海村合麻芋农家院里，老板娘严静一如往常地忙碌着。

42岁的严静曾在外打工8年多，两年前，她回乡探望父母时，萌生了开农家乐的念头。可当时四面山农家乐的用电难问题让她犹豫不决，供电所长古国华告诉她，四面山区域即将进行中心村改造，今后村村都要通上动力电。在古所长拍胸脯保证下，严静终于下定决心："整！"

合麻芋农家院初开时，只有三个房间，四五张吃饭的桌子，"没办法，用电受限，不敢扩大经营。"当时由于是220伏线路，只能装单项表，受容量限制，房间多了，空调和热水器，甚至连厨房抽油烟机都无法正常使用。

2015年以来，江津区供电公司在四面山新建了35千伏变电站，进行了老旧线路改造和变压器新增布点，动力电安装进了每户农家乐。

严静和其他的农家乐经营者，迎来了创业的好时光！

如今，严静的农家乐已经扩大到13个房间，煮饭炒菜都不用柴火了，电炒锅、电蒸炉、电热水器一应俱全，告别了柴火的农家院更卫生，也更安全了。

"你们农电强，我们农家就乐呀！"四面山镇蒋世元镇长脸上满是笑意。

春耕关键时刻，村里水泵房竟然"掉链子"。幸亏电力公司帮我们更换了新线路，才解了燃眉之急。

——綦江区三江街道龙桥村二社村民　蔡春江

以前电压不足，晚上家里连电扇都转不起来，现在同时开两三台空调都没问题！

——大足宝兴镇杨柳社区村民梁本国

电力员工实施农网改造。

国网冀北电力

清洁电力　蔚蓝京畿

随着京津冀协同发展，冀北农村地区用电需求大幅提升。国网冀北电力以工程管控"精"、建设标准"高"、应用范围"广"为目标，开展新一轮农村电网改造升级"两年攻坚战"，建设与小城镇（中心村）定位相匹配的安全可靠、经济合理、坚固耐用的现代化农村电网，加快推动以电为中心的绿色用能方式转变，全力改造36个县的282个中心村，并提前4个月完成工作任务，助力京畿地区生产、生活、生态清洁发展。

投资规模

国网冀北电力小城镇（中心村）工程总投资 **3.03** 亿元

建设规模

新建 10 千伏及以下线路 **1392.08** 千米

新增配变 **795** 台

新增配变容量 **182.34** 兆伏安

建设成效

改造升级小城镇（中心村）数	惠及农户	惠及人口
282 个	**14.48** 万户	**73.19** 万人

电力足了　日子美了

　　2016 年 8 月 10 日中午，位于唐山迁安红峪口村的"长乐居"农家乐里传来阵阵笑声，品种丰富的蔬菜小园，悠闲自怡的散养柴鸡，淳朴浓厚的乡土气息，一顿美味可口的农家饭让来自北京的张先生一家频频称赞。"长乐居"的后厨内，电压力锅、电磁炉、电蒸锅齐上阵，厨师们个个忙得不亦乐乎，游客游览完长城"山野绿道"的秀丽风景，抬腿就能走进农家小院享受美味菜肴。

　　"以前电压不太稳，经常用发电机发电，光靠柴火灶也供不过来太多客人，冰柜、空调还总是不敢开，上菜再一慢，哪还有啥回头客啊。现在好了，供电公司给村里新装了大变压器，电可以敞开儿用啦，我们做起菜来底气足、速度快，几台空调一块开，屋里那叫凉快，客人们也都愿意来了，我们的生意自然就火啦！现在，餐厅和民宿都要提前一周预定。"忙碌间隙，农家乐老板娘孙依平开心地向笔者诉说着中心村电网改造给她带来的改变。

　　据了解，在新一轮农村电网改造升级任务中，国网冀北电力共投资 3.03 亿元推进小城镇（中心村）电网改造，覆盖 36 个县共 282 个中心村。截至 2017 年 6 月 22 日，改造工作全部完成。改造后，村子的供电质量大幅提升，低电压和用电"卡脖子"现象彻底消除，大功率电器也真正进入了村民们的生活。

　　下午三点，孙依平和她的店员们能趁着午后空档吃上一顿"简餐"，她也会借着机会跟大厨老张盘算着新的特色菜品。两年前，老张还在市里打工做餐饮，如今已经成了这家农家乐的主力，他很喜欢这份工作，忙是忙点，但每天都能回家照顾老父亲。说话间，记者了解到，大部分店员都是孙依平的亲戚朋友，"一到旅游旺季，我都会把在外打工的亲戚、姐妹叫回来帮忙，店里生意照顾到了，他们的工作也有了着落。"孙依平说。在红峪口村，电网改造升级不但催生了农家乐迅猛增长的势头，而且吸引了越来越多的外出打工者回到家乡就业。据悉，该村农家乐产业每年可解决就业岗位 30 多个，既实现了外出打工者家门口就业，也带动了邻村的富余劳动力转移就业。

　　不到五点，农家乐便迎来晚间的客流高峰，孙依平和店员们又投入到忙碌之中。辛勤的汗水顺着孙依平的两腮滴下，她浑然不觉，她说自己今年虽然比往年累多了，但看着日子越过越美，心里更踏实、更高兴。

　　据了解，2016 年以来，红峪口村旅游业持续升温，每年新增农家乐达 10 家，充足的电力供应成为助力村经济发展的新引擎。中心村电网的改造升级，既点亮了农村的现在，更照亮了农村的未来，一个全面实现小康的未来。

国网天津电力
政企合作　惠美乡村

天津市新一轮农村电网改造升级工程在政企合作的强力推动下全面启动。国网天津电力将小城镇（中心村）电网建设改造与国家自主示范区和蓟州区"绿色农网"示范工程建设机遇相叠加，加快缩小城乡供电差距，实现农村居民供电服务均等化。优先开展项目需求摸排工作，加强组织领导，简化项目审批程序，优先落实建设条件，多措并举，确保工程顺利实施，为全面满足新型城镇化、美丽乡村建设的需求打下了坚实基础。2017 年 6 月，国网天津电力全面完成小城镇（中心村）电网建设任务。

投资规模

国网天津电力小城镇（中心村）工程总投资 **1.7** 亿元

建设规模

新建 10 千伏及以下线路 **450.2** 千米

新增配变 **217** 台

新增配变容量 **130.59** 兆伏安

建设成效

改造升级小城镇（中心村）数	惠及农户	惠及人口
204 个	**12.44** 万户	**33.53** 万人

农村电网改造点亮农家院

2016 年 6 月 13 日，记者从天津蓟州城区来到罗庄子镇磨盘峪村，下营供电所的员工们正在村里架设线路。"平时他们干活，村里人都特别支持，有时需要腾出一点自家的地架设电杆，大家也没什么意见。"磨盘峪村党支部书记丁连河说。

近年来，在周边村子发展农家院的带动下，磨盘峪村的村民们也建起了自家的农家院。丁连河说："以往，一户的年人均收入只有 1 万元左右。后来看到其他村子建起农家院一年能收入 10 余万元，我们也想学着干。但是电供不上去不行，农村电网改造升级工程完工后，我们农家院的生意会更红火。"

"大家注意安全。"下营供电所配电检修班班长李述记在作业现场告诉我们，"这次我们需改造罗庄子镇磨盘峪村的老旧线路及台区，将原来的 1 台 20 千伏安变压器更换为 2 台 100 千伏安的，并将原截面 16 平方毫米的裸铝导线全部更换为 95 平方毫米的绝缘导线。"

2016 年以来，蓟州供电公司开始实施新一轮农村电网改造升级工程。"从磨盘峪村农家院的选址，再到郭家沟村成为旅游精品村，蓟县的农家院经济走上了一条从无序到有序的发展道路，我们的电网建设也配合其需求不断发展。服务农家院经济发展不仅为经济效益，更是社会责任。"蓟州供电公司相关负责人向记者介绍说。

电力员工在进行农村电网升级改造。

近年来，天津市致力转型发展、创新发展，"十二五"期间经济社会发展始终位于全国前列，这得益于国家电网公司、国网天津电力的支持和帮助。当前，天津市正面临五大历史机遇叠加，电力是经济社会发展的重要基础和保障，希望国网天津电力一如既往地支持天津发展。天津市各有关部门将全力做好协调服务工作，全力保证小城镇（中心村）电网改造升级工程顺利实施。

——天津市副市长　李树起

村村通动力电篇：

助力农民脱贫致富

2017 年 9 月 22 日，国家电网公司提前 3 个月完成供电区域 7.8 万个自然村通动力电的任务，惠及人口 3635 万人。

动力电主要应用于大型机床、机械、搅拌机、电动机等用电，目前小型加工包括个体家庭加工户一般都需要动力电，与之相对应的是照明电。

动力电的广泛使用，是中国农村发展到新的历史阶段的必然需求。传统的农村供电形式注重于保障农业用电，并主要满足农民家庭的基本用电需求。

村村通动力电工程

投资规模

总投资 **212.5** 亿元

建设规模

15.2 千米
新建 35 千伏及以上线路

23.15 兆伏安
新增变电容量

125927.68 千米
新建 10 千伏及以下线路

8747.91 兆伏安
新增配变容量

53106 台
新增配变

建设成效

7.8 万个
解决动力电不足村

3635 万人
惠及人口

从 1998 年至 2015 年近 20 年间，我国持续实施的农村电网改造升级工程，基本满足了农业生产和农民生活的正常用电需求，推动农村居民以年均约 10% 的速度实现"生活质量节节高"，对塑造农村生产生活格局产生了重大影响。

党的十八大以来，国家大力推进新型城镇化和美丽乡村建设，实施新一轮农村人居环境整治工程，强烈带动了城乡居民消费结构加快升级，农业农村发展空间明显拓展，传统城乡二元结构逐步向城乡一体化转变。

能源的开发利用在中国农村现代化进程中有着不可替代的作用，是中国迈向全面小康的基础。电网，作为承载电这种最具普遍应用价值的清洁能源的基础设施，对提高农业生产力、转变农业发展模式具有不可替代的作用。

2015 年 12 月 24 日，国家能源局发布《关于加快贫困地区能源开发建设 推进脱贫攻坚的实施意见》，充分发挥能源开发建设在脱贫攻坚战中的基础性作用，促进贫困地区经济发展和民生改善，同步迈向小康社会，明确提出到 2020 年，基本实现贫困地区农村动力电全覆盖。

2016 年 2 月，国家发展和改革委发布《关于"十三五"期间实施新一轮农村电网改造升级工程意见的通知》，要求到 2017 年底完成 2.2 万个自然村新通及改造动力电任务。同年 12 月，国家能源局、国务院扶贫办又印发《贫困村通动力电工程实施方案》，要求加快推进贫困地区农村电网改造升级，为贫困村通动力电。其中，国家电网公司供区到 2017 年底，除西藏外，要为约 1.8 万个贫困自然村通动力电，涉及 14 个省 (区、市) 的 334 个县；为约 1.2 万个动力电不足的贫困自然村进行改造升级，涉及 12 个省 (区、市) 的 397 个县，两项计划总投资 94.04 亿元。

2016 年 7 月，石门县壶瓶山区供电所员工在崇山峻岭中施工作业。

2017 年 5 月 5 日，河南长葛市通了动力电，村民开起养鸡场，走上致富路。

整天与农民一起摸爬滚打的国家电网人深知农民的需求，更深刻理解党和国家提出为贫困自然村通动力电的重大意义：动力电让贫困村脱贫有指望，让富裕村奔小康有方向！

所以，这场战役就从为贫困村通动力电，升级为村村通动力电。两年间，仅动力电一项，国家电网公司便投资 212.5 亿元，是国家下达任务的两倍多，通电自然村总数是国家下达计划 10 倍多。

为了按期完成建设任务，国家电网公司逐村逐户建档，录入信息系统进行管控，广大干部员工克服未通动力电村地处偏远，物资运输困难，施工难度大等各种困难，披星戴月，争分夺秒，高效推进工程建设。

甘肃——"陇上江南"陇南地处秦巴山区，坡陡路窄，沟壑纵横。国网甘肃电力用不到两年时间完成了陇南 1365 个贫困村三相动力电全覆盖，为贫困村产业链深加工提供了动力保障，加快了贫困村群众脱贫致富的步伐。现在，越来越多漂泊在外打工的陇南农民选择了回家。

江苏——国网江苏电力在全国率先开展动力电"户户通"工程，全省 37.3 万千米直接服务农村的低压电力线路中，400 伏动力电线路总长度已达 34.5 万千米，占比超过九成，全省每个农户在家中就可以拥有自己的家庭工厂。

村村通动力电，直接刺激了贫困地区用电需求的快速增长，并带动了农村地区经济发展，为我国农村转型提供了不竭动力。预计到 2020 年，村村通动力电将带动农村电量增加约 140 亿千瓦时。

动力电让牧民生活更方便

2017 年 6 月 20 日清晨，第一缕晨光穿过盈盈薄雾，照在美丽的青海河南蒙旗草原上，星星点点的格桑花儿迎着晨光款款绽放；条条银线通往牧区深处，串联起一户户牧家。

勤劳美丽的卓玛措一大早就打开新买的洗衣机开始清洗衣物。卓玛措是河南县牧民，2015 年，国网黄化供电公司通过实施无电地区通电工程让她家用上了电，告别了无电的日子。然而，由于她家地处牧区深处，供电半径过长，电压不稳，除了日常照明及低功率电器用电外，洗衣机、电冰箱等大功率家用电器仍不能正常使用。

2016 年，国网黄化供电公司主动与黄南州政府及河南县政府对接，按照用电需求实施农网升级改造项目，全力满足牧民电力需求。2017 年 6 月，卓玛措所在村子在内的 16 个村全部通上了充足稳定的动力电，大家的生活一下子发生了很大的变化。

"电力不稳定，好多电器都不能用，很不方便啊！"卓玛措说，她家每次宰杀牛羊，就把多余的肉存放在城里家中的冰箱里，食用的时候，她的丈夫就得骑上摩托去取。"进城取一趟肉，一个来回就得十几块的油钱，十分不便。"

"当知道动力电通到我家的时候，心里别提有多激动了，这几天我们就准备找个车子把城里的冰箱拉到牧场，以后就再也不用来回折腾了！"卓玛措欣喜地说。

如今，卓玛措家各种电器应有尽有，而且就连传承了上千年的人工制作酥油的传统方式也被电动酥油机代替了……

电力，正在让高原牧区牧民的生活变得越来越好。

国网河南电力
动力到家　脱贫致富

为服务全省脱贫攻坚战，国网河南电力助力全省农民脱贫致富奔小康，在新一轮农村电网改造升级"两年攻坚战"中，把村村通动力电放在重要位置，牢固树立"进度是目标、安全是底线、规范是红线、质量是根本"的理念，安全、优质、高效、规范推进工程建设。推进"整村整线、连片改造"，提升工程精益化管理水平；坚持示范引领，"省级树标杆、市级做示范、县级建样板"，以点带面、样板开路，推进标准工艺快速复制，显著提升工艺水平，优质工程达标率超过 95%。通过两年攻坚，全省所有贫困村全部通上动力电，农村用电需求得到有效释放，2016 年全省县域居民生活人均用电量达 515 千瓦时，较 2013 年增长50%，为助推脱贫攻坚工作提供了坚强的电力保障。

投资规模

国网河南电力村村通动力电工程总投资　**53.6** 亿元

建设规模

新建 10 千伏及以下线路 **25686.03** 千米

新增配变 **14155** 台

新增配变容量 **2818.27** 兆伏安

建设成效

解决
0.92 万个动力电不足村

惠及农户
461 万户

惠及人口
792.1 万人

栾马山道

栾川县地处豫西伏牛山腹地，是国家级贫困县。2016 年实施乡镇地区配电网规划建设整村推进工程，着力解决农村电网线路老化、线径细等问题，为农村地区经济发展提供强大的电力保障。

这里林木茂盛，没有平坦的大路供车辆运货拉料，施工人员上工下工只能爬！

雨过天晴，在 10 千伏庙庄线双回路新建工程苇园沟段铁塔基础施工现场，眼前的一番景象不禁让人们想到"茶马古道"，"茶马古道是一条人文精神的超越之路，艰险超乎寻常，沿途的景观激发人潜在的勇气、力量和忍耐，使人的灵魂得到升华，"身边的施工队长说道："我们没有想过精神的升华和遥远的梦，只想干好眼前的活儿，铁塔架起来了，村民们用电就踏实了，服务好镇子里的经济发展，这是我们电力人的追求。"

6 月，山里灌木丛生，陡峭的山坡，工人几乎是用手按着地爬上去的，施工条件恶劣，山路艰险这还是其次，怎样往这海拔近千米的山顶峭壁上运料成了难题，据了解，身体素质好的工人单上山一趟要 40 分钟还不算背料。

早上五点天蒙蒙亮，大家整装待发，一人一个黑乎乎的水杯，灌满了水就开始上工。一头头骡子排着整齐的队伍，每头驮着 400 多斤重的砂石往施工现场走去。像这样 16 号铁塔的工地，一来一回得两个多小时，中午大家就在工地边上坐着吃个馒头，林地里小憩一会儿便罢。

夜幕下，零星小雨驱走了白天的燥热，山区里的风吹得些许冷。施工人员的临时住所搭在戏台子上，灯下他们在学习工艺图册，这样的场景让人感动。

骡铃清脆，响彻幽静的深林，工人们的脚步坚实有力，山顶上施工热火朝天。眼前这队马帮踏出了一条栾马山道，只为村民们用上电，用好电。

栾川县供电公司员工沿着崎岖的山路运送施工材料。

我们这丘陵地区，吃水、用水全靠水泵从深井抽水，以前用两项电，动力不足，井和泵就是个摆设，还得靠在缸里囤水生活。自从改了动力电，院里水泵不费劲就能抽出水，顺着水槽就把家里小菜地浇了。电磁炉，大冰箱，空调大柜机同时用着都一点事儿没有！想咋用咋用，可方便了。

——河南省新乡市卫辉市安都乡北安都村村民　李用

国网湖北电力
通动力电　助民增收

两年来，国网湖北电力解决了宜昌远安县、恩施鹤峰县、咸宁通山县、黄冈英山等303个贫困自然村通动力电问题。村村通动力电提升了湖北农业现代化水平，激发了农民创业热情，促进了农村用电大幅增长，对地方经济发展产生辐射和带动作用，为全省经济社会发展注入新的活力。仅2016年，湖北省水产养殖、蔬菜种植、农产品加工等农业生产用电增长18.79%，居民售电量同比增长14.17%。

投资规模

国网湖北电力村村通动力电工程总投资 **30.5** 亿元

建设规模

新建10千伏及以下线路 **21954.33** 千米

新增配变 **6206** 台

新增配变容量 **818.11** 兆伏安

建设成效

解决
2.19 万个动力电不足村

惠及农户
110.14 万户

惠及人口
418.3 万人

电力足 淡水养殖收益佳

宜子口村是湖北省省级贫困村，也是洪湖市供电公司结对帮扶的6个贫困村之一。该村位于洪湖市东南端，地理位置偏僻，交通不便，经济发展缓慢。

宜子口村尝试依托当地丰富的湿地资源，发展稻田养虾、淡水养殖业。"三相动力电通到鱼塘后，养鱼用电有了保障。"今年50岁的宜子口村养鱼户程昌楚指着塘边新建的一台200千伏安变压器开心地说。

宜子口村现有30余户淡水养殖户，主要养殖清水蟹、小龙虾、各类淡水鱼，30多个鱼塘面积达1085亩。鱼塘没接通三相动力电前，养殖户只能用柴油机发电为鱼塘增氧、抽水。使用柴油机发电，不仅噪声大、污染环境，而且需专人看护，油耗成本高，养殖户苦不堪言。

面对宜子口村养殖户的用电难题，新滩供电所将稻田养虾、淡水养鱼用电纳入农村电网改造项目，深入勘察线路，有针对性地制订改造方案，优先安排工程施工。该所投资196万元改造资金，新建及改造10千伏、0.4千伏线路6.8千米，新增3台200千伏安变压器，将低压线路架至鱼塘边和稻田间，方便养殖户用电。

接通三相动力电后，程昌楚只需轻按开关，便可启动增氧机、抽水电泵、投饲机等用电设备。2016年3月5日，程昌楚购置了一台微孔增氧机，采用压缩空气输送氧气的办法增氧。每隔3~5天，程昌楚要用电泵往塘里注入活水，提高水的养分，改善水质，从而达到增加放养密度的目的。今年年初，程昌楚又投了3千尾鱼苗，预计可增收6万元。

电足了，养鱼更放心了。如今，程昌楚的20亩鱼塘按去年的鱼价及市场行情估算，可创收10余万元。全村的养殖户也纷纷走上了淡水养殖的致富路。

洪湖市供电公司员工在用索道运输塔材。

多亏三相动力电架至土家山寨，电力足、电压稳，供电可靠，我家的农家乐越办越红火，大伙脱贫致富的劲头更足了。五一小长假期间，我一天卖150个土鸡火锅，20多份土家坛子菜，一天毛收入近5000元，一年估算可挣10多万元。

——湖北省松滋市卸甲坪土家族乡曲尺河村农家乐经营者 陈淑琴

国网福建电力

可靠农网　驱动发展

福建"十三五"农村电网改造升级，以发达省市为标杆，沿海配网达到国内先进水平，山区配网达到沿海"十二五"末发展水平，全面提升电网安全、供电能力及装备水平。2016～2017年，在实施新一轮农村电网改造升级中，国网福建电力完成0.29万个自然村动力电不足改造，提高农村用户供电质量，提升配网互联转供能力，提升农村电网配电线路防灾抗灾能力和智能化水平，为农村经济发展提供坚强的动力支撑。

投资规模

国网福建电力村村通动力电工程总投资 **17.1** 亿元

建设规模

新建10千伏及以下线路 **7022.3** 千米

新增配变 **4359** 台

新增配变容量 **1257.6** 兆伏安

建设成效

解决	惠及农户	惠及人口
0.29 万个动力电不足村	**73.66** 万户	**219.4** 万人

电力改变的革命老区村

福建长汀县南山镇中复村是一个革命老区村。由于位于山区，电网建设相对滞后。

"以前电压不稳定，村里大功率用电设备一开，就会出现跳闸、停电的情况。"村民曹木林说。

福建长汀县供电公司党委书记郑秋荣坦言，随着中复村一些产业的发展，出现了动力电不足，跳闸停电现象，而且不少乡村线路都是裸线，存在很大安全隐患。

2016年以来，国网福建电力实施的新一轮农村电网改造升级"两年攻坚战"逐步改变了这一局面。"10千伏及以下的线路全部改造增容，新增90多台变压器，将所有的裸线全部改为绝缘线。"长汀县南山镇供电所所长刘蔡水举例说，像原来变压器之间有一两公里远，末端电压就比较低，现在变压器之间不超过500米，供电质量大大提高。

长汀县中复恒鑫包装厂是当地用电大户。该厂负责人林昌顺说，农村电网改造升级后，现在村里电压很稳定，"电正常了，生产就正常了"，企业效益实现了逆势增长。

曹木林现在开着一家红色农庄。"原来附近只有一台变压器，离农庄比较远，用电不稳定，供电公司去年又安装了一台，用电基本就正常了。"他说，即使有什么问题，打一个电话，供电公司工作人员马上就上门解决了。

过去电压低，有时连风扇都转不起来，村里换了新变压器后，家家户户的电磁炉和冰箱不再是摆设。

——武平县十方镇处明村村民
聂荣春

供电公司帮我们改造升级了电网，不仅让甜柿园尽快落地，也让我更加坚定了扎根大陆的念想。

——福建仙游县"台湾农民创业园"个体工商户 蔡建全

国网新疆电力
村村通电　照亮丝路

国网新疆电力践行"四个服务"宗旨，全心全意服务于国家改革发展大局和广大农牧区电力用户，在坚决打赢"两年攻坚战"目标的指引下，凝心聚力、攻坚克难，加强组织领导，积极开展管理和技术创新，扎实推动"电化新疆"，有序推进全区农牧区"柴薪能源替代"工程实施，有力促进了全区 32 个国家级贫困县基础设施升级。新一轮农村电网改造升级工程的实施，为新疆经济社会发展、全面实现电气化的生产生活创造了积极条件，为全疆国家级连片贫困区上百万群众脱贫奔小康奠定了基础，在满足自治区社会经济发展需求的同时，为地区长治久安做出了积极贡献，在"一带一路"建设中发挥了重要作用。

投资规模

国网新疆电力村村通动力电工程总投资 **13.3** 亿元

建设规模

新建 10 千伏及以下线路 **7144.74** 千米

新增配变 **2809** 台

新增配变容量 **439.41** 兆伏安

建设成效

解决
0.09 万个动力电不足村

惠及农户
7.44 万户

惠及人口
26.04 万人

村村通动力电惠及民生

"8月是丰收的季节，农作物迎来生长的旺盛期，也是我储存冬季养殖饲料的最好时期。"8月22日下午，新疆博湖县才坎诺尔乡哈村二组村民刘小飞正在自家玉米地里组织人员用大型铡草机加工早熟玉米秸秆，为冬季养殖储备饲料。

"以前铡羊草全靠人力，没精力扩大养殖规模。但自从去年低压三相动力电通到家门口后，我购买了两台大型铡草机和饲料粉碎机，扩大了养殖规模和品种，今年冬天再不为冬储饲料发愁了，这真要感谢党的好政策和供电公司实施的农村电网改造升级工程。"刘小飞看着自家100多只羊和50多头牛高兴地说。

新疆博湖县位于全国最大的内陆淡水湖博斯腾湖岸边，这里水丰草盛，非常适合养殖业发展，从事各类水产、畜牧的养殖户从最初10多家发展到50多家，养殖规模、产业发展格局初步形成。原有的供电线路半径和设备负载已不能满足农村经济增长的用电需求。

自去年6月份以来，新疆巴州供电公司以新一轮农村电网改造升级"两年攻坚战"为契机，加大实施农村电网改造力度，两年内完成了250个村村通动力电工程。在农村电网改造过程中，该公司按照轻重缓急每年滚动式对电网进行升级改造，大力推进农村低电压整治，解决部分地区用电低电压、"卡脖子"问题，全面提升了巴州新农村电气化水平。

国网甘肃电力

电力扶贫　致富梦圆

国网甘肃电力用两年时间全面解决了 891 个贫困村、2404 个贫困自然村的动力电覆盖问题，实现农村三相动力电全覆盖，贫困村户均配变电容量达到约 2 千伏安的目标。全省农村电网网架得到进一步优化，电网供电能力普遍提高 3 倍左右，直接带动农村地区农副产品加工、规模性养殖等产业的发展，切实改善了农村地区老百姓生产生活条件。工程实施期间，国网甘肃电力科学制定工作方案，对全省农村地区三相动力电覆盖现状进行了专题调研和摸底，并以问题和需求为导向，逐户调查用电情况，着力解决老百姓用电"最后一公里"问题。

2016 年 6 月，甘肃省精准扶贫三相动力电覆盖工程提前半年全面竣工，全省实现了农村三相动力电全覆盖。

投资规模

国网甘肃电力村村通动力电工程总投资 **15.46** 亿元

建设规模

新建 10 千伏及以下线路 **503.63** 千米

新增配变 **289** 台

新增配变容量 **31.75** 兆伏安

建设成效

解决	惠及农户	惠及人口
0.02 万个动力电不足村	**5.09** 万户	**19.24** 万人

动力电通到了咱们村

天微亮，衡晓阳接到所长安排任务的电话，骑上那辆旧摩托车开始了一天的工作。

"丰叔，今年的羊下了多少只？"

"23只羊，比去年多赚了一万多块，多亏动力电通到了咱们村里头。"在庙湾村村头，衡晓阳遇到羊倌丰治国。

庆阳华池县庙湾村是个有着30户人家的行政村。这里山大沟深、交通不便。但随着村村通动力电工程的完工，该村村民的生活也发生了翻天覆地的变化。

丰治国养了一辈子的羊，也见证了村子在电网改造后的巨大变化。说起村村通动力电带来的变化，丰治国打开了话匣，"以前养羊都以散放为主，赚不了几个钱。孩子们也外出打工。现在可不一样了，通了动力电，很多村民都盖起羊圈，买上饲料粉碎机、铡草机，养殖规模也扩大了。"

如今的老丰算是村里的养羊大户，养殖规模也从几十只扩大到100多只。老丰的儿子丰玉祥也果断辞职，回来帮父亲一起养羊。

丰治国尽管不善言辞，但有一个道理他心里清楚——"农民要致富，离不开电。"这是他的"致富经"，当了半辈子羊倌的老丰给铡草机推上电源，按下电钮，随着机器发出的轰鸣声，苞谷杆眨眼间就化作一片片碎屑……老丰布满褶子的脸如花儿一样灿烂。

在庙湾村，像丰治国一样尝到甜头的农民还有不少。如今，村里已经有十几户村民开始养羊，最少的也养了30只，年纯收入不低于3万元。

在庆阳，新一轮农村电网改造升级提升了农村供电能力和水平，不仅带动当地经济增长，增强了农村的生机和活力，而且正带动着村民奔向幸福新生活。

甘肃通了动力电，华池县庙湾村养殖户购买了铡草机。

国网甘肃电力作为提供基础公共服务的大型央企，积极践行社会责任，长期以来在全省脱贫攻坚、农林场电网改造、无电地区通电和灾后重建等工作中主动承担责任，为全省经济社会发展提供了可靠的电力供应。

——甘肃省发改委电力处

副处长 郑忠锋

国网青海电力
动力电足　牧区脱贫

国网青海电力结合农村电网现状，充分考虑电网实际运行需要，积极对接政府需求，明确提出"两年攻坚战"村村通动力电任务目标。通过农村电网改造升级，实现村村通动力电，青海农牧区的脱贫拥有稳定可靠的电力支撑，不再被缺电困扰。村村通动力电工程的实施为青海农民生产生活改善和脱贫致富带来希望。2016 年以来，国网青海电力通过升级改造实现了 4.6 万户通动力电，惠及人口 18.34 万，满足了小手工、作坊、养殖、农畜产品加工等中小型产业的农业生产设施的供电需求，为推进美丽乡村建设和农村地方经济社会发展提供了坚强的电力保障。

投资规模

国网青海电力村村通动力电工程总投资 **9.1** 亿元

建设规模

新建 10 千伏及以下线路 **4377.7** 千米

新增配变 **1911** 台

新增配变容量 **219.31** 兆伏安

建设成效

解决
0.03 万个动力电不足村

惠及农户
4.6 万户

惠及人口
22.84 万人

高原施工　安全、环保不放松

"施工和安全工器具检查了吗？现场安全措施到位了吗？泥水、杂物都清除干净了吗？" 2017 年 5 月 19 日 6 时，天刚蒙蒙亮，在青海治多 10 千伏农村电网改造升级工程施工现场，国网玉树供电公司员工周保卫一边检查安全措施一边询问着施工前的准备情况。

玉树电网基础薄弱，建设任务繁重，现场施工风险多，安全管控难度大。自治多 10 千伏农村电网改造升级工程开工以来，负责工程管理的周保卫就会同相关部门人员，对新建 20 项工程展开全面现场安全督查。

"今天的施工任务是运杆。昨晚刚下了雪，大家要严格按照施工流程作业，一定要注意湿滑路面，时刻防范安全风险。" 在零下 6 摄氏度的低温下，施工队员们的脸被冻得通红。

"一二三，往前走！一二三，加油干！" 铿锵有力的号子声在海拔 4300 米的治多草原上空回响。湿滑泥泞的路上，一条 1.5 米宽、2 米长的 200 余张草席铺就的安全路、生态路格外引人注目。"安全、环保工作做得如此细致，值得我们学习。" 关注着工程进度的玉树治多县副县长才仁闹布对现场安全管控和生态保护工作深表赞赏。

虽然时节已立夏，三江源腹地连绵的高山顶上仍白雪皑皑，牧草刚刚青绿。海拔 4500 米的小山上，12 名施工队员用手拉肩扛的方法把重达 1.8 吨的电杆运送到 400 米外的山坡下。

周保卫介绍，这样的施工作业能够最大限度保护三江源地区脆弱的生态环境，高原施工安全至上，生态环保也丝毫不能放松。

随着农村电网改造项目实施，低电压问题解决了，机井、枸杞烘干机用电也得到了保障，都兰县 6200 名牧民从中受益，为脱贫致富带来了希望。

——都兰县经济和发展改革局
副局长　本毛措

农村电网升级改造让牧区群众感受到了党和国家以及企业的关怀，当地牧户开始接受现代文明的生产生活方式，这充分体现了国有企业高度的社会责任。

——黄南报社总编　郭广智

国网陕西电力

提质增速　电力攻坚

国网陕西电力主动与地方党委政府签订电网发展战略合作协议，建立健全政企协调机制，及时解决工程建设中的问题，营造良好的社会发展环境。成立"新一轮农村电网改造升级工作领导小组"，组建省电力公司"配网建设改造办公室"，创新编发《服务陕西经济社会发展简报》，有效保障农村电网改造建设工程质量和进度。国网陕西电力充分发挥配网标准化建设改造这一有力抓手，优化网络结构，简化设备种类，全面应用成套化采购模式，明确施工工艺，提升智能水平，提高投资效率，实现典型设计应用率和标准物料执行率达到100%、施工工艺达标率达到100%。

投资规模

国网陕西电力村村通动力电工程总投资 **5** 亿元

建设规模

新建 10 千伏及以下线路 **3458.06** 千米

新增配变 **1062** 台

新增配变容量 **169.4** 兆伏安

建设成效

解决
0.104 万个动力电不足村

惠及农户
30.59 万户

惠及人口
3.09 万人

打通动力电　日子比蜜甜

2017 年 8 月 31 日上午，秦岭深处的陕西商洛丹凤县寺坪镇赵塬村，56 岁的刘书民看着络绎不绝上门买豆腐的顾客，喜不自禁："自打通了动力电后，整个村子里电力十足，咱老百姓的日子越来越有奔头、生活比蜜甜。"

刘书民从 20 世纪 80 年代开始做豆腐、豆芽，仅能勉强度日。"打铁卖豆腐，累死壮汉虎"，说起初做豆腐的那几年，刘书民苦不堪言。当时村子还没有通电，磨豆腐需要用拐磨，每次做 20 斤黄豆需要磨三四个小时，做一窝豆腐下来需要大半天，还累得腰酸背疼。1989 年山里通电以后，刘书民第一时间买了电磨子，磨 20 斤的豆子只要半个多小时，电压不稳，烧坏电机、电压带不动的事情常有发生。随着国家电网公司对农村电网多次改造，电压越来越稳定。2016 年 11 月，村子里通了动力电后，刘书民第一时间向供电所申请了动力电。3 天后，供电所的同志就把动力电接到刘书民的家中。

刘书民说，现在他扩大了规模，每天做两窝豆腐，磨 40 斤黄豆只要 15 分钟。他还购买了带有自动控水、控温的豆芽机，豆芽从制作到上市缩短一半时间，只要三天就能上市。"以前做一窝豆腐要耗上一家人一整天的精力，庄稼顾不上，家务也做不了。现在电力保障充足，电力服务优质高效，解决了我的后顾之忧。现在，我除了做豆腐，还用豆腐渣养猪、养牛，做农产品加工，日子越来越好了。"刘书民高兴地说。

西藏帮扶篇：

集团优势助推地方发展

两年攻坚

让雪域高原升起不落的太阳

金秋西藏，经幡招展，青山覆雪，青稞的谷穗低垂，牦牛羊群遍地跑。

在雪域高原最冷的冬天即将到来前，西藏包括拉萨市以及那曲、昌都、林芝、山南、日喀则、阿里 6 个地区 62 个县共 2797 个小城镇（中心村）农村电网改造升级工程全面完工，受益农牧民 156 万人，占全区总人口的半数以上。这个冬天，有了坚强的电网、可靠的供电，传统的藏式毡房更暖了，机器打的酥油茶更香了……

自 2011 年青藏联网工程投运，西藏电力事业全面提速。特别是党的十八大以来，随着川藏联网、藏中联网等重大工程加快建设，西藏 500 千伏电网主网架初步建成，西藏电网即将迈入超高压时代。

从小电孤网，到大机小网，再到大电大网，西藏电力基础设施的快速发展和用电环境的切实改善，让西藏人民直接感受到来自党中央和全国人民的关怀。但是，西藏农村电网仍很薄弱，特别是偏远地区的农牧民用电普遍存在电压低、供电不稳定、动力电不足等问题，一定程度上制约了西藏农村经济社会进一步发展。

2017 年 6 月 28 日，由国网安徽电力帮扶建设的山南市洛扎县隆啦边境村终于用上了大网电。

2017 年 6 月 22 日，在海拔 5025 米的西藏山南市乃东区亚堆乡农村电网改造施工现场，参建人员用马帮运送电杆塔材。

　　新一轮农村电网改造升级工程，是继实施西藏"户户通电"工程、无电地区电力建设暨农村电网改造升级工程之后，又一项惠及西藏全区广大农牧民群众的重要"德政工程"、"民生工程"，对于进一步完善西藏农村电网网架、提高供电质量和服务水平，助力西藏脱贫攻坚和全面建成小康社会，促进西藏经济社会长足发展和长治久安具有十分重要的意义。

　　为加快农牧区电力建设步伐，2016～2017 年，国家电网公司投资 119.12 亿元用于西藏小城镇（中心村）农村电网改造升级，是"十二五"投资总额的 1.4 倍。

　　国网西藏电力"十三五"电网建设任务十分繁重，建设管理能力已趋极限，建设资源十分有限，加之西藏农村电网建设项目分散、环境苦、海拔高、条件差，电网建设有效工期短，要在两年内建成新一轮农村电网改造升级工程，任务异常繁重而艰巨。

　　为确保工程顺利推进，国家电网公司发挥集团优势，从人员、技术、施工、物资保障等方面开展西藏新一轮农村电网改造升级工程帮扶。组织国网河北、山西、山东、江苏、浙江、安徽、福建 7 家电力公司对口支援西藏阿里、昌都、日喀则、拉萨、那曲、山南、林芝 7 市（地区）新一轮农村电网改造升级工程建设，配合组建业主项目部，加强项目储备到结决算全过程管理。同时，以帮代培、以帮促学，不断提高西藏农村电网工程管理水平。

119.12 亿

2016～2017 年，西藏农村电网改造投资 119.12 亿元，是"十二五"西藏电网建设投资总额的 1.4 倍，完成 7 个地市的 62 个县 2797 个小城镇和中心村的农村电网改造升级任务。

两年时间，国家电网公司各单位共选派长期帮扶人员98人，高峰时期达1092人，短期帮扶人员累计2232人，累计帮扶107349人·天，为工程有序推进提供了强有力的支撑。帮扶人员坚持"缺氧不缺斗志，缺氧不缺智慧；艰苦不怕吃苦，海拔高，追求更高"的信念，会同4.1万电力工人，不畏条件艰苦，首次将配电线路架上5880米高峰，全力完成2797个中心村电网改造升级，圆满完成各项帮扶任务。国家电网公司总部有关人员每月至少一次赴工程一线，现场办公，研究解决存在的问题。总部运检部会同基建部、物资部每双周召开电视电话会议，畅通问题反映和解决渠道，提高协调效率。建立问题台账机制，实行销号管理，按天跟踪解决189条需要总部协调解决的问题。

针对西藏当地技术力量薄弱的情况，国家电网公司总部组织制定了西藏10千伏及以下工程技术原则、农村电网工程验收管理办法，从工程立项、工程前期、设备选型、设计审查、试验验收等方面开展技术支持。同时，组织7支专家团队对西藏所有电杆厂家开展全面质检，促进西藏电杆生产技术水平提升了20年。

高原施工是西藏新一轮农村电网改造升级"两年攻坚战"面临的最大挑战。国家电网公司动员全系统有高原作业经验的送变电公司和监理公司参与工程建设，解决了西藏地区施工和监理队伍严重不足的问题。两年攻坚战高峰时期，进藏施工人数总计达到 4.1 万余人，有力保障了按期高质量完成工程建设的任务。

建设过程中，国家电网公司注重加强工程物资计划管理，组织专家协助开展物资申报、招标文件审查、采购供应协调，组织内地企业帮助国网西藏电力做好属地厂商的物资供应协调和质量抽检工作。为解部分物资紧缺的燃眉之急，各帮扶单位采取无偿调拨的方式支援建设。其中，国网浙江电力无偿支援配变 56 台，铁附件 1031 吨；国网河北电力无偿支援物资价值 200 余万元。

根据规划，到 2020 年，西藏主电网将延伸到全区 74 个县的主要乡镇，覆盖全区人口的 97%，县域电网供电能力和服务水平明显提升，基本满足全面建成小康社会对农村电力的需求。农村电网改造，让民生工程更有力度，让民心工程更得民心。通过持续的电网攻坚，雪域高原上升起不落的太阳，西藏人民也将拥有更加光明灿烂的明天！

国网西藏电力

再创世界屋脊电网建设新奇迹

立下军令状 就要有结果

西藏新一轮农村电网改造升级工程建设标准高、有效工期短、施工点多面广、条件艰苦、工程建设任务十分艰巨，加之西藏电网建设管理缺员严重、建设资源趋于极限，对国网西藏电力是重大考验。

"新一轮农村电网改造升级工程建设任务异常艰巨，责任重大、使命光荣！我们要树立务期必成、务期必胜的信心和决心，坚决完成目标任务！向国家电网公司党组、自治区党委政府和全区各族人民交上一份满意的答卷！"——2016年4月5日，国网西藏电力有限公司董事长刘晓明在新一轮农村电网改造升级工程启动会上立下了一份军令状。

立下军令状，就要有结果。自"两年攻坚战"全面打响以来，国网西藏电力积极履行工程建设主体责任，成立了以公司董事长、党委书记刘晓明为指挥长的指挥部，抽调公司200多名精干力量组建专业小组，地市公司成立了以总经理为指挥长的指挥机构，加强工程建设的组织领导，主动做好与区内各级政府机构、有关职能部门的属地协调沟通，实施工程指挥长联席会、周例会、项目管理及物资供应专题会，建立问题清单跟踪销号管控等工作机制。

"其中，由国网西藏电力有限公司负责实施的小城镇（中心村）农村电网改造投资119.12亿元，超过'十二五'期间5年西藏农村电网建设投资总和，工程投资、建设规模之大，前所未有。"国网西藏电力有限公司总经理、党委副书记胡海舰说。为此，国网西藏电力紧盯目标不放松，努力发扬"老西藏精神"和"努力超越、追求卓越"的企业精神，全力以赴投入西藏新一轮农村电网改造升级工程建设，积极将内地公司先进的管理经验和优秀做法应用到工程建设与受援单位发展中，主动学习和实践，克服困难、精诚协作，确保全面完成工程建设任务。

国网西藏电力有限公司副总经理、党委委员高应云介绍到，两年来，西藏施工环境复杂、物资供应压力巨大、建设施工能力不足等困难一个个被克服：加强工程统筹协调，采取可研初设一体化招标、设计联合评审等方式，提高工作效率；全面推行安全标准化管理，落实安全文明施工"六化"要求，推行均衡投产，组建督查大队开展建设安全例行及飞行检查，严查"同进同出"人员配置情况及方案落实情况；建立省公司物资部统筹协调、指挥部物资保障组统一管理、物资公司统一组织实施、地市公司分工协作的管理模式，采用集中配送、二次转运方式，在7个省公司后方物资帮扶团队支持下，每日细化物资供应计划，有力保障了工程物资需求；加大工程管理力度，建立信息日报制度，加强设计变更和现场签证管理，应用结算通用格式和管理软件，统一工程结算编制审查标准，严格环、水保措施落实，及时组织环、水保设计、实施、验收，引入专业咨询单位参与工程技经管理，全面提升资料档案管理的及时性和完备性；加大后勤保障力度，充分发挥国网西藏电力属地优势，加强帮扶专家的健康医疗管理和交通安全管理，做好高原疾病防范措施和应急预案，保障帮扶专家上得去、站得稳、干得好。

到2017年9月25日，西藏新一轮农村小城镇（中心村）电网改造升级工程捷报频传：西藏林芝市巴宜区米瑞乡、西藏昌都市柴维乡、西藏那曲地区那曲县古露镇萨措中心村先后纳入主电网供电，海拔最高的乡山南市浪卡子县普玛江塘乡、最远边境村山南市洛扎县扎日乡隆嘎村也用上大电网的电，昌都市丁青、洛隆、边坝县纳入大电网供电范围，西藏主电网供电范围达到62个县……

国网河北电力

阿里的光明使者

蓝天、白云、雪山,西藏处处令人神往。但对国网河北电力新一轮农村电网改造升级西藏帮扶工作组的员工来说,在那里,走同样的路需要付出更多的体力;在那里,做同样的工作需要付出更多的时间;在那里,身体的承受极限一次次被刷新。

他们忍受着高原反应,背负着压力和挑战,发扬着"做时代骆驼,当光明使者"的精神,以实际行动保证西藏帮扶工程按期顺利完工。蜿蜒的银线高耸山间,不仅为藏区人民传递了光明,还带来了温暖与希望。

◎ 前方奋战　海拔高斗志更高

阿里位于西藏西部,平均海拔 4500 米。如果说青藏高原是世界屋脊,那么阿里就是屋脊上的屋脊,境内险峰峻岭,地形复杂多样,可谓是千山之巅,万川之源。而作为国网河北电力对口帮扶工程之一的西藏阿里新一轮农村电网改造升级专项帮扶工程就在此处。

电力基础设施的改善、电网结构的优化,是强化藏区电网的第一步。国网河北电力把协助加快藏区电力发展作为帮扶工作的出发点和落脚点,结合地域特点,全面规划、细致安排,将工程建设系统化,逐步打通各个神经末梢。

在高原上建工程,困难不胜枚举,平原施工时司空见惯的,在高原却困难重重。在杆塔基础开挖阶段,大型机械无法进场,只能人工一点点地慢慢挖厚厚的岩石层。山上本来空气就稀薄,只能容纳一个人的塔坑内就更不用说了,施工人员干几分钟就要歇一会儿,随身携带便携式氧气瓶,以备不时之需。

站与站之间的路往往是走出的车辙印,过小河、越冰面,地形陡峭,人烟稀少,原本不远的路程却颇费周折。"路不好走,不断颠簸摇晃,车上也常备着铁铲、绞盘,碰到走不过去的沟壑就修,陷到泥里就想办法拖出来。"被晒得黝黑的帮扶组成员李增辉讲起自己几次陷入泥潭的经历,大有逢山开路、遇壑架桥勇往直前的架势。

国网河北电力前、后方有关单位协同配合,克服重重困难,全面完成了阿里地区新一轮农村电网改造升级工程全部建设任务。

◎ 全力攻坚　帮扶用上头脑风暴法

众所周知，物资管控工作是整个工程的输血站，是控制工程进度的生命线。这也是国网河北电力帮扶工作组的主要工作之一。

刚抵达日喀则时，帮扶组便了解到，阿里地区的物资供应均需通过日喀则物资中转站二次调配。而通往噶尔、日土等县的二级物料站，更是要穿越300公里左右的无人区，当地物流车队常常要凑齐3辆物资车辆才敢上路。这无疑增大了紧缺物资的运输难度。

为了彻底解决这一问题，帮扶组凭借严谨的工作态度和创新的能力，充分运用头脑风暴法，提出具有援藏帮扶特色的物资供应"五到位"法，对发货厂家、中转站、二级物料站开展物资项目梳理、催货、发货等。按照工程项目要求，帮扶组利用10个日夜，全面整理物资中转站的管控表和物资台账，发现影响工程进度的症结。问题症结揪出来了，帮扶组立即根据实际情况分工协作，积极联系供货厂家和配送司机，了解发货及运输情况，并与中转站及转运公司协商，除恶劣天气外，大宗物资不卸车，直接对装，大大提高工作效率。

通过先进的管理方法，不到半个月的时间，国网河北电力帮扶组就对186家供应商、469项物资全部梳理完毕，按照全部或部分到达阿里各县材料站或施工现场、在运物资、未发运物资3类情况，统筹催货力度，使物资供应速度与现场施工进度需求相匹配，保障工程顺利完工。

巍峨的群山、洁白的云朵、黝黑而淳朴的笑脸，这是许多人心中西藏的模样。然而，对于帮扶人员来说，却是另一番感受。在日喀则，他们除了能感受到大自然的鬼斧神工，更能充分体会到生命的顽强和祖国的强大。他们说，要用短暂的时间，去做一辈子难忘的事，去连接雪域高原一辈子难忘的情。

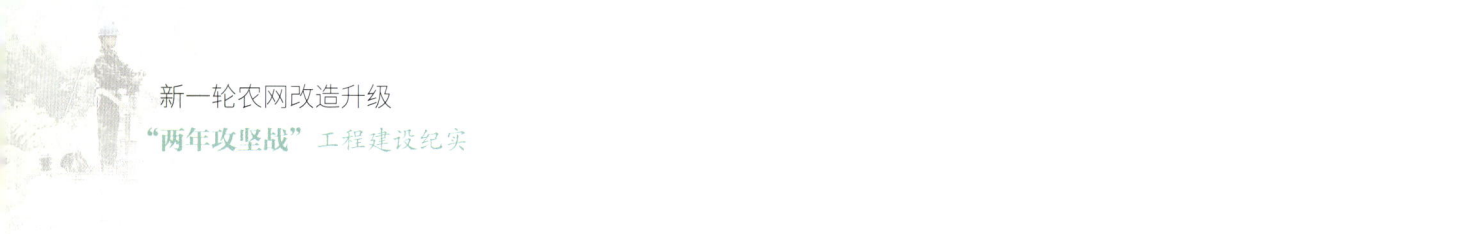

国网山西电力 昌都帮扶之歌

2016年12月15日，国网山西电力站在服务党和国家工作大局的政治高度，满怀对藏族同胞的深情厚谊，在接到任务第一时间，派出由46岁的国网晋中供电公司副总经理张学东带队的18人援藏帮扶小组，迅速到达指定地点，全面打响昌都市新一轮农村电网改造升级攻坚战，由此谱写出一曲动人心魄、感人至深的帮扶赞歌。

初到西藏的人都会或多或少面临高原缺氧问题。2016年12月17日，刚刚到达昌都市的18人都不同程度地出现头晕、目眩、胸闷、嘴唇青紫、呼吸困难、两腿发软等症状，虽然在意料之中，但随后一段时间持续不见好转的状况还是令大家感到万分焦急。

"昌都市平均海拔3500米以上，夏季最好的时候空气中的氧含量大致只有海平面的73%，我们来时正赶上寒冷的冬季，缺氧更加严重，站不稳、睡不着、嘴唇干裂、呕吐、流鼻血是常有的事，给工作带来极大影响。"来自国网晋城供电公司32岁的小伙子张良说。

"本次昌都新一轮农村电网改造升级工程总投资25.4亿元，共包含110千伏、35千伏和10千伏项目48项，涉及全市11县区，在西藏7个地市中规模最大和投资最多。其中，110千伏共12项，新增变电容量21.75万千伏安，线路长度709千米，相当于再造了一个昌都110千伏电网。工程时间紧、任务重、困难多，没有吃苦的精神不行，没有顽强的意志不行，没有攻坚的决心不行，没有担当的勇气更不行。"张学东说。

为帮助大家尽快克服高原反应，一心一意投入工作，张学东一方面四处打听购买治疗高原反应的良药，一方面和帮扶小组中的其他9名党员商议，另一方面报请国网山西电力党组同意，成立国网山西电力援藏帮扶临时党支部。

这个平均年龄只有36岁的帮扶小组迸发出超强的战斗力。他们仅用半个月时间，就完成110千伏12项输变电工程的设计、施工、监理和物资招标；完成35千伏及以下36项工程的监理、施工中标结果公示。特别是元旦期间，他们放弃休息，边吸氧边工作，全面对48项工程开展物料梳理，清理物资3782条，为保证项目及早开工奠定了坚实基础。

"为了快速推进农村电网工程建设,他们把全部精力都投入到工作中,'白加黑','五加二'已成常态,完全忘记身处3240米的缺氧高原。我们从来没有见过这么拼命的援藏人员!"熟悉帮扶小组日常工作的国网昌都供电公司员工这么说。

完成各类招标及物料梳理,接下来就要到每个现场开展数据复测工作,又一个难题横亘在国网山西电力帮扶小组面前,那就是当地极其不便和危险的道路交通。

"昌都市地处横断山脉和金沙江、澜沧江、怒江三江流域,境内峰峦叠嶂,峡谷交错,317、318和214国道就修建在这些群山之中,路况不好不说,还十分遥远,每去一个现场都要有巨大的勇气,耗费大量的精力。"来自国网朔州供电公司39岁的力一弘说。

胸怀大爱的国网山西电力帮扶小组人员没被困难吓倒。他们严格按照施工标准和工艺要求,坚持每座变电站必到,每个塔基必到,仔仔细细做好现场复测工作,以认真扎实的作风最大限度地保证数据准确,加快项目推进。

复测过程中,帮扶小组先后有3人因手机无电或无信号在大山里失去联系,后经全力搜寻才被找回;有6人因降雨降雪和山体滑坡道路被封在车里苦苦等待20多个小时。

在大家的共同努力下,4月初,整个工程所有的1660基110千伏铁塔、1629基35千伏铁塔和38000基10千伏电杆全部复测到位,48个项目陆续开工,各项工作位居七省帮扶前列。特别是2017年5月10日,率先完成卡若区110千伏柴维变电站扩建工程,引领和带动了整个西藏帮扶工作。

9个月来,他们平均每个人身体都瘦了10斤以上。他们正是以这种"衣带渐宽终不悔,为伊消得人憔悴"的精神,表达着对电网事业的忠诚和对藏区群众的热爱。

国网山东电力 点亮日喀则的山东汉子

4月的青藏高原,海拔4000米以上的地区依然一片荒凉。有这样一群山东汉子,他们放弃了城市舒适的生活,来到这离天和太阳最近的地方,援助西藏日喀则新一轮农村电网改造升级工程建设。他们是国网山东电力西藏帮扶工作组的8名成员。

◎ 身负责任不言苦

日喀则藏语意为"最好的庄园"。日喀则市比山东省的面积还大,人口却只有山东省的千分之八。随着国家电网公司新一轮农村电网改造升级工程实施,今年全市电网计划投资15.49亿元,比"十二五"期间的投资总和还多。2016年12月6日,国网山东电力8名员工赴日喀则对口帮扶农村电网改造升级工程建设。

经过反复选拔,由年近五十的国网山东电力运检部副主任刘凯挂职国网日喀则供电公司副总经理。由于气候干燥、昼夜温差大,帮扶组的8名成员均产生了高原反应。刘凯作为小组负责人,一边强忍头疼,克服四肢一度失去知觉等反应,一边照顾、鼓励自己的战友。

不久刘凯便赢得了"四最"称谓:年龄最大,1967年出生的他是这帮汉子们的"大哥大";厨艺最好,一有空他便主动为大家做饭,让大家吃到家乡味道;身体最好,虽然小组里年龄最大,可入藏前坚持锻炼身体,他反而成为最先适应高原的人;思路最快,入藏不到10天,在他的带领下,小组梳理出该市七县一区项目、灾后重建项目、新一轮农村电网改造项目、新一轮农村电网中心村项目4个批次47个工程项目,609个单体工程。

◎ 浓浓思念化动力

"穿裤衩的小牦牛"是王斌入藏后的微信昵称,他来自国网泰安供电公司。在他的微信中一直收藏着同事李宁与3岁儿子旦旦的对话:

旦旦:爸爸,我想你了。

爸爸:我也想你了。

旦旦:再过好几天你要是还不回来,我就哭了……

孩子简单的话，让爸爸泪流满面。两岁的女儿见到离家数月的王斌，久久认不出爸爸。国网海阳市供电公司的赵雪菲，入藏时，儿子刚刚出生16天。

来自国网济南供电公司、拥有博士学历的张纪伟是家中的独子，妈妈做手术的事被家人隐瞒了很久。他每每想起年迈的爸爸独自照料生病的妈妈总是十分内疚。

这群有情有爱的汉子，把浓浓的思念，真挚的情感化作工作的动力。入藏后，他们没有节假日，每天加班到深夜。饿了，他们会到单位不远的一家山东水饺店，每人吃上一碗韭菜鸡蛋馅的水饺。

◎ 融入藏区促和谐

入藏前，国网山东电力为对口帮扶西藏日喀则新一轮农村电网改造升级工程建设人员举办了隆重的欢送会。该公司负责人语重心长地嘱咐大家，要带着对西藏、对藏区人民的浓厚感情去援藏，不但要协助当地公司建好电网，更要将国网山东电力的管理经验、敬业精神带到高原，融入藏区人民，促进民族和谐。

36岁的朱明，来自国网郯城县供电公司，入藏后重点负责管理农配网工程。他与国网日喀则供电公司的两名员工签订了师带徒协议，一个是老员工朱文强，另一个是刚入职的藏族大学生。2017年3月16日，为推进110千伏岗巴—亚东线路工程，朱明带着徒弟们赶往350千米外的施工现场。沿途蓝天白云、阳光灿烂，朱明不禁沉浸在亚东县的美丽风景中。然而当汽车爬上4500多米高的帕里地金区，朱明出现恶心呕吐、胸闷气短。他没想到，更大的困难还在后面。当晚，下起大雪，气温骤降到

零下二十摄氏度，道路被没膝的积雪封锁。他们好不容易找到了一家小旅店借宿。这里因大雪已经停电几个小时了，只能靠蜡烛照明，而且屋内没有取暖设施，只能哆嗦着捱过长夜。在当地老乡的骡马接力运送下，已经"失联"3天的他们才回到单位。这样的经历更加坚定了大家做好藏区农村电网改造的决心。

3月21日，日喀则冻土期刚刚过去。伴随着一阵挖掘机的轰鸣声，国网山东电力帮扶日喀则的首个新一轮农村电网改造升级项目——110千伏谢通门变电站改扩建工程提前复工，山东汉子更忙了。

帮扶援建，服务西藏，这群山东汉子用自己的技术服务把成绩书写在雪域高原上，用深情厚爱万里驰援藏区人民，送去光明，共圆美丽中国梦。

国网江苏电力

直击拉萨电网改造

沿着蜿蜒的拉萨河一路东行，到拉萨市墨竹工卡县工卡镇塔巴村的这一路，汽车走得并不太顺畅。7月是西藏的雨季，暴雨和冰雹时常"结伴而来"，大水冲垮了河上的桥梁，汽车辗转兜了一大圈才到达这片"墨竹色青龙王居住的中间白地"。

一下车，国网江苏电力援藏干部惠峻就被塔巴村4组组长旺久请到了家中。

旺久的家是一栋红瓦白墙的二层藏式碉房。家中电视机、冰柜、电磁炉、电水壶、电饭煲、洗衣机等家用电器一应俱全，与室内五彩斑斓的彩绘和传统藏式家居陈设一道，诉说着如今藏地生活那份独特的传统与现代。

随着一根根崭新的12米高电杆相继矗立，塔巴村迎来了新一轮农村电网改造升级。

◎ 德政工程

2017年4月，塔巴村的新一轮农村电网改造升级工程全面铺开。按照工程规划，塔巴村的电线杆高度由原先的8米提高到12米、裸导线全部换成绝缘导线、变压器容量增大。线路改造完成后，塔巴村每家每户都将装上智能电表，实施电费计费标准化，摊"线损"现象将不复存在，电价将恢复到上级核定的每度（千瓦时）0.54元。

听说新一轮农村电网改造升级后，用电更安心、更放心，还会省电费。旺久咧开嘴，露出了开心的笑容。"我代表村里的人感谢你们。"他用力握了握惠峻的手说。

不仅仅是塔巴村，如今这场新一轮农村电网改造升级"旋风"正席卷整个"世界屋脊"。

西藏新一轮农村电网改造升级工程是西藏缩小城乡公共服务差距，进一步完善农村电网架构，提高农牧区供电可靠性和稳定性，促进民生改善，惠及亿万农牧民的重要民生工程、德政工程，工程总投资近120亿元。

按照"一省帮一市"的对口帮扶模式，江苏省与拉萨市结成帮扶"对子"。

由国网江苏电力帮扶的拉萨新一轮农村电网改造升级工程共有 27 个项目，总投资 12.83 亿元。

西藏海拔高、地域辽阔。拉萨新一轮农村电网改造升级配网工程建设点多、面广，如今平均每天有 60 余处施工现场且多位于偏远地区。

"线路长，材料运输距离远、施工作业难度大、建设条件艰苦、有效工期短。"这是远道而来援藏、肩上挑着事关藏民福祉重担的国网江苏电力人，每天都面临的挑战。

◎ 电力新生活

拉萨市达孜县帮堆乡林阿村九组组长次仁站在新建成的配电箱下，显得特别激动。他对着国网江苏电力帮扶组负责人、拉萨新一轮农村电网改造升级工程业主项目部项目经理陆斌竖起了大拇指，用汉语不停地说着"好！好！太好了！"。

7 月 18 日，林阿村的新一轮农村电网改造升级工程宣告完工并成功送电，林阿村的村民们自此告别了用电短缺之苦。

提起以前的电力情况，林阿村 9 组村民次仁摆了摆手，用不太熟练的汉语，连说了两遍"电不足，经常断电"。就在新一轮农村电网改造升级完毕前的一个星期，次仁就经历了一次痛苦的停电。

连日的暴雨，大水将拉萨河河道里的电杆冲毁，导致全村停电。停电让次仁难以忍受，"小孩晚上写作业没法写，早上起来打酥油茶也打不了。"次仁抱怨道。

在新一轮农村电网改造升级前的林阿村，各种原因导致的停电一个月至少发生两三次。次仁家里

有六口人，主要靠他开车跑运输赚收入。改造前的林阿村电杆较低，电线低垂，这让次仁每次开大车进村都有些担惊受怕。

低垂的电线经过屋顶、树枝，在次仁的记忆里，每到夏天，村里都要砍树。每逢下雨天，树下站人也会变得很危险，极易触电。

如今，12 米高的电杆、几乎笔直的崭新输电线，宣告着这个藏地村庄新"电力生活"的开始。

改造后，林阿村 9 组的变压器由原先的 50 千伏安升级到 200 千伏安，主线也由原来的截面积 50 平方毫米升级到 120 平方毫米，支线则由原来的截面积 35 平方毫米升级到 70 平方毫米。智能电表安装到每家每户，用电计费标准化。从此电力不足成为历史。

得益于此次拉萨新一轮农村电网改造升级，在这里有数以万计的村组像林阿村 9 组一样，摆脱了用电短缺之苦。

从「浙」到「那」

国网浙江电力

2017年9月25日，西藏那曲新一轮农村电网改造升级工程按期完工，国网浙江电力圆满完成了对口帮扶任务。回首援藏历程，处处彰显着浙江电力人的责任与担当。

西藏新一轮农村电网改造升级工程总投资119.12亿元，超过西藏"十二五"农村电网工程建设总投资，是国家电网公司史上最大规模的援藏建设项目。

国网浙江电力负责对口支援此次工程量最大的那曲地区，涉及投资27亿元。工程的完工惠及了全区8个县、29个乡镇的11.5万人。

◎ 客从钱塘来　高原作新家

时间回到2017年8月5日早晨，冯康和苏恺等人从那曲县城出发，沿青藏公路拉萨方向颠簸一百公里。公路右侧的雪山脚下，古露35千伏变电站正在电气安装。它担负着为古露镇700多户牧民提供可靠供电的担子。之前，这里的许多住户只能靠太阳能解决晚间两小时照明。

七八月份的那曲，冻土层已经开始融化，遍地沼泽让施工速度比平原地区慢了一半。来自浙江丽水的冯康穿梭在工地和库房间，确认工程进度。"设备还差多少？8月底能否完工？"专注的神情中丝毫看不到这个外地人的生涩。

临近中午，苏恺等人席地而坐，铺开图纸研究优化施工方案。虽然轻声细语，但喘息声依然提醒着大家，这里海拔4700米，含氧量不足平原的一半，高原反应困扰着每个人。

5分钟前还是风和日丽，工地上的旗子骤然猎猎作响，远处的雪山被一团"雾气"遮了起来。"暴风雨要来了！"下午的施工被迫暂停，大家刚钻进越野车，倾盆大雨就砸了下来。援藏工作组对这种情况已经习惯。

2017年4月的一天，帮扶工作组遇上暴风雪，道路被埋。"这难不住我们，只要找到铁塔，就能找到回家的路。"

遇到风雪，帮扶工作组最担心的还是工程进度。铁塔塔基开始浇筑后不能停工，否则基础全部都会废掉。帮扶工作组专门定制了大量棉被，气温太低还要用火炉加温，防止基础开裂。

那曲新一轮农村电网改造升级工程中，1万建筑工人、18家施工单位分散在面积相当于4.5个浙江省的高原上。为保障安全施工，帮扶工作组把主网项目部分成三组，分片管理23个项目。

8月3日下午，安全专责叶盛带队来到聂荣110千伏输变电工程现场开展飞行检查。安全保护措施、安全学习内容，每个细节毫不含糊。对工程管理的细致，流露出援藏建设者对这片土地的深情和主人翁精神。

◎ 技术传帮带　管理出新法

那曲同胞的生活牵动着工作组的心，也牵动着每一个浙江电力人的心。国网浙江电力组织多批后方工作组赴藏开展短期帮扶，涵盖安全生产、建设质量、物资供应、设备管理、工程转资、新闻宣传等6大专业的200余人先后进藏。

"那曲就是我们的第十二个市公司。"在国网浙江电力"一市帮一县"统一部署下，11家地市公司积极行动起来，挑选精兵强将开赴高原，极大地充实了工程管理力量。他们把先进的工程管理经验带到每一个施工现场，实现"大兵团、网格化"作战。

国网浙江电力对口帮扶工作组组长葛军凯介绍，管理那曲27.27亿元的农村电网工程，管理创新势在必行。

帮扶工作组采取班组式业主项目部管理模式，充分发挥项目经理、建设协调、安全、质量、技术、物资、技经等各岗位职能，将有限资源集约化管理。

创新还体现在"小业主、大监理"的质量管控中。在夏玛110千伏工程现场，监理单位建立一塔一线一档案，以数码照片及验收记录的形式对隐蔽工程实时监督。援藏工作组对基础浇筑、组塔、架线环节

进行施工单位三级自检、监理初检、业主验收等把关。目前，那曲农村电网工程未发现任何质量问题。

"援藏不仅是干工程，更在于理念、管理、技术上的传帮带。"帮扶工作组在那曲各县公司建立了二级项目部，实施一二级项目部联动管理，二级项目部根据标准规程侧重查问题，援藏工作组作为一级项目部重着解决问题。在实现问题闭环的同时，技术交流也提升了国网那曲供电公司建设管理水平。

国网浙江电力还将配网工厂化装配送带到了西藏。在那曲刚建成的配网工厂化装配送基地，前几天18家施工单位的骨干接受了系统培训。从电杆上下来的王水清一口四川话难掩兴奋："这个东西太好喽，减少了杆上作业时间，一天能多干不少活儿。"

配网工厂化装配送把下引线、线路分断开关等许多配网台区物资进行工厂化预制，将169个配件规整为13个模块开展成套组合配送，现场安装实行标准化施工，使10千伏台区安装时间缩短至4小时，效率提升一倍，现场几乎不产生余料。配网工厂化装配送模式在那曲新一轮农村电网改造升级工程中全面推广使得工程建设大大提速。

现在，国网浙江电力援建工作者的使命已然完成。浙电将士们可以自豪地说，藏北高原上的这片光明，包含着我们的火种！小康路上，国网浙江电力和那曲人民手挽手，心连心！

国网安徽电力

跟着老季去山南

季雪松来自国网安徽泾县供电公司，是国网安徽电力对口帮扶西藏山南新一轮农村电网改造升级工程主网安全员、错那县业主项目部经理。因为在同行的 14 名长期帮扶人员中年龄偏大，所以大伙儿都叫他老季。老季，一米八的大个，浓眉大眼国字脸，身材挺拔，男神一枚。

上午 9 点，笔者跟随老季去错那县施工点，查看工程安全、进度情况。从山南市区出发，一路向南，连续翻越两座海拔 5000 米以上大山，到达隆子县日当镇已是下午 1 点。笔者的后脑勺隐隐地痛，老季说是正常的高原反应。军人出身，长期保持体育运动的老季没有出现"高反"现象，但遗憾的是他喜欢的篮球运动在高原很难进行。

简餐之后，我们继续驱车前往错那县。老季说，2017 年 4 月份，他头一次来错那时，那真叫记忆犹新。因为走得急、衣服穿得少，那一天到达错那县城时已是下午 2 点，一下车饥寒交迫，差点眩晕过去。赶紧在路边吃了一碗面条，暖暖身子。在施工项目部，把工作交代清楚后，仗着身体素质好，他还是看了两处施工点工作情况。

到达错那县施工项目部，老季叫上施工经理朱顺华，直奔勒布沟。勒布沟地处我国西南边境，是少数民族门巴族集聚地。从海拔 4500 米的波拉山口下到 2800 米沟底，悬崖峭壁间瀑布飞流，山野娇翠，云烟袅袅。凭借着独特的自然生态和民族风情，近年来，这里旅游业发展迅猛。一路上，老季不时叙说山峦间那一排排电力银线的故事。

一下车，老季突然叫住了朱顺华。"怎么没人干活？你这杆子立了多长时间啦，横担和金具还没有安装？""上午还在下雨，一时没有安排过来。""进度太慢了，不能再拖啦……"说话间，我们来到门巴新村通大网电施工项目部。老季拿起手机拍了几张照片，"'两年攻坚战'结束后，我将继续接任通大网电项目，现在就得做好准备啊。"

第二天一早，当笔者碰到老季时，体质很好的他眼睛里布满了血丝。"过敏了吗？""没有没有，昨晚理了一下项目。"老季笑着

说，高原施工力量有限，管理较为粗放，要严格管理，更要用心帮扶。从当晚9点到凌晨2点，他叫上帮扶人员与朱顺华对错那县36个项目一一进行再梳理，重点对人员合理调配、现场安全管控指导和把关。

沿着崎岖的盘山公路，越野车载着我们从沟底爬升到海拔4200米的吉巴门巴族乡。遇到水毁路段，车子不时颠簸，再看一眼路边的悬崖峭壁，笔者不禁有些紧张。老季忙安慰说，"路况熟悉，不会有事的。"前一段时间，他们从错那县前往措美县时那才叫一个险。在翻越一座海拔5000米以上的山峰时，山下阳光普照、山顶突然下起大雨，四驱全开的越野车走在泥路上歪歪扭扭，吓得三个大男人胆战心惊。经过一个半小时的缓慢行驶，终于走出雨区。

来到吉巴门巴族乡吉巴村，1号台区已经竣工，在阳光的照射下银光闪闪。继续往村里走，看到施工人员正在开展10千伏线路放线作业，老季赶忙走过去帮忙。"他们都是家里的顶梁柱，把大家带出来了，就要对他们负责、对他们家庭负责。安全带一定要打好、脚扣一定要牢固。"施工结束，老季向朱顺华叮嘱道，高原施工，更要时刻注意安全。

"能不能给我们拍一个合影？"老季扭头向笔者一行问道，"我们想告诉家里人，我们在西藏挺好的。""当然可以。"随着咔咔的快门声，一张席地而坐的集体照定格在蓝天白云之下。事后，老季跟笔者说，其实在高原深处，每一个人都会想家。援藏以来的大半年，他只春节回去过一趟，不是不想，而是不敢。从家再来，不仅是身体上需要再适应，更有心理上的不舍和依恋。

"既然来了，就要把事情干好。"老季说，或许受他的影响，去年，刚上大一的儿子就加入到了学校志愿者队伍。毕业之后，也要像他一样上高原。这一段时间正好是暑假，儿子来过一次。等到寒假，在驻点开展通大网电工程时，他还想邀请儿子再来看一看。

国网福建电力

八闽之光照亮林芝

没有四季，只有两季：冬季和大约在冬季。时间刚到9月，料峭的寒风就呼啸不停，让人深切感受到形容林芝的这句话。

位于西藏东南部的林芝市，平均海拔3100米，素有"西藏江南"的美誉。2016年11月，国网福建电力"优中选优"，从全省选调了业务素质高、业务能力强的15名优秀人才，组成专业帮扶团队对口帮扶林芝。

"用福建力量，让林芝亮起来"。为完成这一惠及广大农牧民群众的重要"德政工程"、"民生工程"，国网福建电力人通过"五加二"、"白加黑"的扎实工作，在圣洁的雪域高原见证下，努力点亮电力天路!

◎ 主动作为　率先入藏

国网福建电力本轮对口帮扶林芝巴宜区、米林县、工布江达县、朗县等"一区三县"30个单项工程，总投资共15.5亿元。

"除了海拔有优势，一切都没有优势。"正如帮扶负责人林俊辉所说，虽然只是一个地级市，但林芝面积达到11.7万平方千米，与福建省相当，每抵达一个现场，都要结合漫长的车程与步行。同时，林芝雨季漫长、有效工期短；加上高山峻岭多、施工难度大。

面对重重困难，为更快更好开展工作，2016年11月16日，国网福建电力成为首家进藏帮扶的省公司。今年春节，帮扶人员又在正月十五前入藏，为各项工程的复工做好充分准备。

功夫不负有心人。2017年4月，国网福建电力在帮扶公司中率先完成首座增容改造的35千伏林芝变电站并成功送电；6月23日，米瑞35千伏变电站再度率先建成送电。

"国网福建电力各级负责人高度重视，是帮扶公司中最早来公司级领导和最早现场就位的队伍。工作成效明显，能够有序高效推进。"国网林芝供电公司负责人杨立峰也为帮扶工作点赞。

◎ 科技助力　服务延伸

林芝朗县仲达镇，壮阔的雅鲁藏布江边。伴随着"嗡嗡"的轰鸣声和扬起的沙尘，六旋翼无人机跃过大江，将导引绳准确地牵到了对岸铁塔上。

这是朗县110千伏输变电工程施工中的一幕。该线路来回穿梭喜马拉雅与念青唐古拉山脉，平均施工海拔3600米，是该县海拔最高、施工难度最大的工程，工程量相当于再建一个朗县主电网。

打开线路的3D全景图，可以看到线路总共4次跨越雅鲁藏布江，"利用无人机穿针引线，为跨越大江大河提供了便利。"帮扶人员陈宇琦说。

这样的例子还有很多。农村电网改造升级的同时，帮扶项目部还向国网林芝供电公司传授先进的管理经验，创新工作方法，努力提升当地的电网建设管理水平。

除了常规工作，帮扶项目部还将电力服务延伸到用户侧。隐藏在工布江达县圣湖巴松措尽头的错高村，是中国历史文化名村、中国十大最美乡村之一。走进才增大妈家中，该项目部为其添置的3盏节能灯将房屋照得通亮，户内线路也焕然一新，杂乱的"蜘蛛网"不见了，取而代之的是铜塑线，并套上了PVC套管，大大降低了火灾隐患。

延伸服务，造福了藏区人民，更体现了福建电力人勇担社会责任的拳拳赤子之心。

◎ 援藏一任　造福一方

云雾如哈达般，缭绕在群山之上。沿着尼洋河畔，穿过苯日神山，来到了巴宜区米瑞乡曲尼贡嘎村。

2017年6月，米瑞35千伏变电站建成送电。村支部书记多杰带着笔者来到藏民嘎玛顿珠家，他开心地用电动酥油茶机为大家泡茶。"以前三天两头就停电，有时一停就是一天。"嘎玛顿珠摇着头说。可自从米瑞变电站投运，用电可靠性大大提

高，电动酥油茶机也能每天运转。

多杰补充说，米瑞变电站投运，村里的粮油加工厂也启动运转了，"感谢国家电网，扎西德勒！"

援藏一任，造福一方。这是国网福建电力的初心，更是行动。

夜幕降临，万家灯火照亮了城市，座座村庄更加亮堂。在这背后，忘不了的还有那些可爱的帮扶人员。

已过知天命年龄的林俊辉，依然日夜奔波在各个施工现场；胡宗富的父亲去世，他只是回闽匆匆一别；张道斌的儿子才刚出生，便远隔万里……除了长期帮扶人员，还有大量短期帮扶人员、后方支援人员，他们也为新一轮农村电网改造升级"两年攻坚战"贡献了自己的微薄之力。在这里，没有惊天动地的故事，但每一个个体都让人尊重和感动。

当你抬头仰望，照亮林芝夜空的不只有那漫天繁星，还有国网福建电力人不远万里架起的电力天路。

附
录

大事记

Memorabilia

2016年

2月**3**日，国务院总理李克强主持召开国务院第122次常务会议，研究部署新一轮农村电网改造升级工作，以补短板、调结构促稳增长、惠民生。

2月**16**日，国务院办公厅印发《国务院办公厅转发国家发展改革委关于"十三五"期间实施新一轮农村电网改造升级工程意见的通知》（国办发〔2016〕9号）。明确到2017年底，完成中心村电网改造升级，实现平原地区机井用电全覆盖。

3月**5**日，李克强总理在第十二届全国人民代表大会第三次会议政府工作报告中提出：抓紧新一轮农村电网改造升级，两年内实现农村稳定可靠供电服务和平原地区井井通电全覆盖。

3月**18**日，国家发展改革委、国家能源局印发《小城镇和中心村农网改造升级工程2016~2017年实施方案》（发改能源〔2016〕580号），进一步明确目标，落实任务，实施小城镇和中心村农村电网改造升级工程，加快城乡电力服务均等化进程，促进农村经济社会发展和全面建设小康社会。

3 月 **18** 日，国家发展改革委、水利部、农业部、国家能源局联合印发《农村井井通电工程 2016~2017 年实施方案》（发改能源〔2016〕583 号）。明确两年井井通电工程总体要求、主要目标、主要任务及保障措施。

3 月 **25** 日，国务院召开实施新一轮农村电网改造升级工程电视电话会议。李克强总理作出重要批示：要求切实加强领导和统筹协调，科学规划，加大资金投入，加强施工管理，全力按时保质完成农村电网改造升级工程。张高丽副总理出席会议并做重要讲话，强调要加强规划引领，重点编制和实施好县级农村电网改造升级规划，加快落实各项建设条件。

3 月 **29** 日，时任国家电网公司董事、总经理、党组成员舒印彪主持召开新一轮农村电网改造升级工作领导小组第一次会议，成立以主要负责人为组长的新一轮农村电网改造升级工作领导小组及办公室，定期召开工作会议，协调解决存在问题，扎实推进工程顺利实施。

4 月 **19** 日，国家电网公司召开配电网标准化建设改造创建活动启动暨 2016 年版配电网工程典型设计发布电视电话会议。会议贯彻落实党中央、国务院关于加快配电网建设改造的工作部署和国家电网公司"两会"提出的"统一规划、统一标准、安全可靠、坚固耐用"的配电网建设改造要求，部署打赢新一轮农村电网改造升级工程"两年攻坚战"。

4 月 **20** 日，国家电网公司印发《国家电网公司井井通电和小城镇（中心村）电网改造升级实施方案暨下达第一批开工项目投资计划的通知》（国家电网发展〔2016〕383 号）。

4 月 **29** 日，国家电网公司召开实施新一轮农村电网改造升级工程暨第一批项目开工动员电视电话会议，动员公司上下统一思想、落实责任、强化措施，正式启动实施新一轮农村电网改造升级"两年攻坚战"。国家能源局副局长刘琦，公司董事长、党组书记舒印彪出席会议并讲话。国家水利部、农业部、国务院扶贫办相关领导出席会议。会议由国家电网公司副总经理、党组成员栾军主持。

4月**29**日，国家电网公司印发《国家电网公司关于印发井井通电工程典型设计和分布式光伏扶贫项目接网工程典型设计的通知》（国家电网运检〔2016〕408号），更好地指导井井通电工程实施。

5月**23**日，中共中央政治局常委、国务院副总理张高丽在江西调研，了解供给侧结构性改革、生态文明建设和环境保护等情况。张高丽深入国网江西省电力公司丰城110千伏程家变电站和曲江供电所，视察江西新一轮农村电网改造升级工作，对国网江西电力为江西省经济社会发展所做出的贡献给予了肯定。

6月**5**日，国家电网公司印发《国家电网公司关于印发小城镇（中心村）电网改造升级典型模式的通知》（国家电网运检〔2016〕507号），指导小城镇（中心村）电网改造升级工作。

6月**13**日~**10**月**10**日，国家电网公司董事长、党组书记舒印彪，及有关班子成员，先后与吉林、福建、湖南、山东、河南等24个省人民政府签订共同推进小城镇（中心村）电网改造升级和"井井通电"工程合作协议。

6月**20**日~**30**日，国家发展改革委稽查办派出18个稽查组对18个省"十二五"农村电网改造升级工作进行专项稽查。

6月21日，国家电网公司总会计师、党组成员李汝革赴山东开展调研工作。李汝革指出，要结合山东电网实际，结合全球能源互联网未来发展趋势，结合"外电入鲁"特高压建设和新一轮农村电网改造升级，综合考虑投资能力和电量增长的平衡，科学规划各级电网，并滚动进行修订完善。

6月22日，国家电网公司董事长、党组书记舒印彪深入河南兰考县农村电网改造升级现场调研，对河南公司农村电网建设改造成效予以充分肯定，并提出争创先进典型的要求。

7月20日，国家电网公司印发《国家电网公司关于做好新一轮农村电网改造升级工作的意见》（国家电网运检〔2016〕560号），明确目标任务，并对切实加强工程管理提出工作要求。

8月11日~12日，国家电网公司总经理助理单业才等调研组一行人赴西宁市大通开展调研，并组织召开西北5省和四川、西藏公司新一轮农村电网改造升级工作调研座谈会，研究部署下一步工作。

10月9日，国家能源局、农业部、水利部联合调研组赴安徽进行新一轮农村电网改造升级调研，并实地参观淮北市濉溪县百善镇柳孜村井井通电现场。

11月2日，国家电网公司总经理、党组副书记寇伟赴山东进行调研指导工作。要求集中力量、精心组织新一轮农村电网改造升级工作，确保重大民生工程务期必成。

11月20日，国家发展改革委副主任、国家能源局局长努尔·白克力一行赴江西信丰县，实地了解赣州电网发展和农村电网改造升级情况。

12 月 14 日，国家电网公司在拉萨召开西藏新一轮农村电网改造升级工程专项帮扶工作动员会议。明确国网河北、山西、山东、江苏、浙江、安徽、福建电力对口帮扶西藏 7 个地市公司新一轮农村电网改造升级工程，确保按期优质高效完成工程建设任务，助力西藏全面打赢脱贫攻坚战。

12 月 29 日，国家能源局、国务院扶贫办印发《贫困村通电力工程实施方案》（国能新能〔2016〕398 号）。启动实施贫困村通电力工程，提升贫困地区电力普遍服务水平，为打赢脱贫攻坚战提供稳定电力支撑。

12 月 30 日，国家电网公司完成新一轮农村电网升级改造投资 1718 亿元，完成 3.6 万个小城镇（中心村）电网改造、78.2 万眼井井通电、2.2 万个自然村新通及改造动力电，超额完成 2016 年工程建设任务。

2017 年

1 月 13 日，国家电网公司召开三届二次职代会暨 2017 年工作会议。公司董事长、党组书记舒印彪做重要讲话，强调要加快配电网建设改造，建设智能现代化城市配电网，打赢新一轮农村电网改造升级"两年攻坚战"。

3 月 9 日，国家电网公司运维检修部赴西藏，就加快推进新一轮农村电网改造升级工程建设、落实责任发挥、支撑保障作用等进行调研指导。

3 月 20 日，国家电网公司印发《国家电网公司农网改造升级工程管理办法》（国家电网企管〔2017〕205 号）的通知，进一步有序推进农村电网升级改造工程建设。

3 月 27 日，国家电网公司印发《国家电网公司关于印发〈配电网技术导则〉等 13 项技术标准的通知》（国家电网企管〔2017〕239 号），进一步规范了 35 千伏及以下配电网规划、设计、建设、改造和运维工作。

3 月 31 日，国家电网公司总经理助理单业才在拉萨组织召开西藏新一轮农村电网改造升级工程调研座谈会议。调研新一轮农村电网改造升级工程工作情况，鼓励西藏公司与帮扶人员建感情，同心协力、鼓足干劲，大力弘扬"老西藏精神"，圆满完成西藏新一轮农村电网改造升级工程建设任务。

4 月 6 日，国家电网公司副总经理刘泽洪在林芝组织召开西藏新一轮农网建设推进会。刘泽洪做重要讲话，要求西藏公司、帮扶公司及各参建单位深入贯彻党中央、国务院部署，落实公司三届二次职代会暨 2017 年工作会议精神，统一思想、提高认识，安全、优质推进工程建设，及早发挥工程效益。

4 月 8 日，国家电网公司董事长舒印彪到西藏公司慰问援藏帮扶人员并督导帮扶工作开展情况。

4 月 26 日，国家电网公司运维检修部在国网山东、浙江电力公司试点成效明显的基础上，印发《关于开展 10 千伏柱上变压器台工厂化预制工作的通知》，在公司系统全面推进和实施工厂化预制。

5 月 8 日，国务院总理李克强冒雨到河南省新乡市封丘县黄河滩区脱贫搬迁安置考察，新一轮农村电网升级改造点亮移民新家。

6 月 14 日 ~16 日，国家发展改革委副主任、国家能源局局长努尔·白克力率调研组在河南就深入学习贯彻习近平总书记系列重要讲话精神、推进能源转型发展等进行专题调研，对国家电网公司在农村电网改造、助推脱贫等方面的工作成效给予充分肯定。

6 月 **29** 日，国家电网公司 2016～2017 年投资建设的"井井通电"工程全部竣工，提前半年完成国家下达的 150.73 万眼农田井井通电任务。山西、安徽、湖北、河南、陕西、宁夏、新疆等 7 省区率先实现平原地区井井通电全覆盖。

8 月 **1** 日，国家电网公司总经理、党组副书记寇伟赴西藏调研工程建设并慰问一线人员。

8 月 **30** 日，国家电网公司副总经理刘泽洪在拉萨组织召开西藏新一轮农村电网建设工作会，全面部署"30 天冲刺攻坚阶段"安全、质量及进度工作，强调要统筹做好环评报告、验收、档案、内部审计、整改、完善工作，加大宣传力度，注重与党建工作联系、与基层工作联系。

9 月 **22** 日，国家电网公司全面完成 7.8 万个自然村通动力电工程建设任务。

9 月 **23** 日，国家电网公司全面完成 153.5 万眼机井通电建设任务。

9 月 **25** 日，国家电网公司全面完成 6.6 万个小城镇（中心村）电网改造升级，至此，国家电网公司全面完成新一轮农村电网改造升级"两年攻坚战"三大工程建设任务。